DOMINIK JUNG

Alles, was du übers **Wetter** wissen musst

DOMINIK JUNG

Alles, was du übers Wetter wissen musst

Die wichtigsten Wetterphänomene leicht und verständlich erklärt

riva

Bibliografische Information der Deutschen Nationalbibliothek
Die Deutsche Nationalbibliothek verzeichnet diese Publikation in der Deutschen Nationalbibliografie. Detaillierte bibliografische Daten sind im Internet über https://dnb.de abrufbar.

Für Fragen und Anregungen
info@m-vg.de

Wichtiger Hinweis
Ausschließlich zum Zweck der besseren Lesbarkeit wurde auf eine genderspezifische Schreibweise sowie eine Mehrfachbezeichnung verzichtet. Alle personenbezogenen Bezeichnungen sind somit geschlechtsneutral zu verstehen.

Originalausgabe
1. Auflage 2025

Türkenstraße 89
80799 München
Tel.: 089 651285-0

Redaktion: Hanna Wild
Umschlaggestaltung: Karina Braun
Umschlagabbildung: Adobe Stock/Asyam Design, kotoffei; Patrick Pannek
Layout: Karina Braun, unter Verwendung von AdobeStock/Asyam Design, kotoffei
Illustrationen: Sabrina Pronold, unter Verwendung von AdobeStock/robert6666, Asyam Design, kurdanfell; Shutterstock/Nora Hachio, Cezar911, bsd studio, Panda Vector, Pyty
Satz: Müjde Puzziferri, MP Medien, München, mp-medien-muenchen.de
Druck: ScandBook, Litauen
Printed in the EU

ISBN Print 978-3-7423-2848-9
ISBN E-Book (EPUB, Mobi) 978-3-7453-2636-9

Weitere Informationen zum Verlag finden Sie unter

www.rivaverlag.de

Beachten Sie auch unsere weiteren Verlage unter www.m-vg.de

Inhalt

Nicht zu verwechseln 11

Klima und globale Phänomene 115

Die Wissenschaft des Wetters 147

Nicht zu verwechseln

Wetter und Klima

Wetter und Klima – das sind zwei Begriffe, die im Alltag gern mal durcheinandergebracht werden. Viele Menschen sagen zum Beispiel: »Dieses Jahr ist der Sommer so heiß, das muss am Klimawandel liegen.« Oder wenn ein besonders kalter Winter kommt: »Da sieht man, dass es doch keine Erderwärmung gibt.« Doch so einfach ist das nicht. Wetter und Klima sind zwei sehr unterschiedliche Dinge und es ist wichtig, sie auseinanderzuhalten. Lass uns das mal ganz locker und verständlich erklären.

Fangen wir mit dem Wetter an. Das Wetter beschreibt die momentanen Bedingungen, die wir täglich erleben: Regen, Sonnenschein, Wind, Schnee oder auch Temperaturen. Es ändert sich ständig. Heute ist es vielleicht warm und sonnig, morgen kann es schon wieder regnen und kühl sein. Wettervorhersagen sagen uns, was in den nächsten Stunden oder Tagen passieren wird. Dabei geht es um kurzfristige Phänomene, die stark schwanken können. Du kennst das sicherlich: Man schaut morgens aus dem Fenster, sieht blauen Himmel, und am Nachmittag zieht dann plötzlich eine dicke Wolke auf und es regnet. Das ist das Wetter – launisch und schwer vorherzusagen.

Das Klima hingegen ist etwas ganz anderes. Das Klima beschreibt den Durchschnitt des Wetters über einen langen Zeitraum, meistens über 30 Jahre oder mehr. Es geht also nicht darum, wie das Wetter an einem bestimmten Tag oder in einer bestimmten Woche ist, sondern darum, welche typischen Wetterbedingungen in einer bestimmten Region über viele Jahre hinweg herrschen. Zum Beispiel ist das Klima in der Sahara heiß und trocken, während das Klima in Mitteleuropa gemäßigt ist, mit warmen Sommern und kühlen Wintern.

Jetzt stellt sich die Frage: Warum darf man Wetter und Klima nicht gleichsetzen? Ein heißer Sommer oder ein besonders kalter Winter bedeutet noch lange nicht, dass sich das Klima grundsätzlich verändert hat. Ein einzelner Sommer oder Winter ist nur ein kleiner Ausschnitt des Wetters. Das Klima wird erst über lange Zeiträume und durch viele Daten bestimmt. Auch in einer Phase der globalen Erwärmung können daher kalte Winter auftreten oder heiße Sommer innerhalb einer kühlen Klimazone. Diese kurzfristigen Schwankungen sind typisch für das Wetter, nicht für das Klima.

Ein heißer Sommer oder ein kalter Winter sagt also nichts darüber aus, ob sich das Klima verändert. Es ist ein bisschen so, als würdest du versuchen, den Zustand eines ganzen Sees zu beschreiben, indem du nur auf eine einzige Welle schaust. Diese Welle gibt dir keine Information darüber, wie der gesamte See aussieht. Genauso gibt ein einzelner extrem heißer Tag keinen Aufschluss darüber, wie sich das Klima insgesamt entwickelt.

Warum sollte man dann auch nicht jedes extreme Wetterereignis, wie ein Hochwasser oder einen schweren Sturm, direkt dem Klimawandel zuschreiben? Ganz einfach: Extremwetter hat es schon immer gegeben. Auch vor dem Beginn der industriellen Revolution, als der Mensch noch nicht in großem Maßstab CO_2 in die Atmosphäre freigesetzt hat, gab es schwere Stürme, Dürren oder Überschwemmungen. Wetterextreme können durch viele verschiedene Faktoren ausgelöst werden, zum Beispiel durch natürliche Klimaschwankungen wie El Niño oder Vulkanausbrüche.

Das heißt aber nicht, dass der Klimawandel keine Rolle spielt. Wissenschaftler gehen davon aus, dass der Klimawandel die Häufigkeit und Intensität von Extremwetterereignissen verstärkt. Das bedeutet, dass Hitzewellen häufiger und intensiver werden und starke Regenfälle zunehmen. Doch um festzustellen, ob ein bestimmtes Wetterereignis direkt mit dem Klimawandel zusammenhängt, braucht es eine sorgfältige Analyse durch Klimaforscher. Sie vergleichen dabei historische Wetterdaten, Modelle und viele andere Faktoren, um zu verstehen, ob der Klimawandel bei einem Ereignis eine Rolle gespielt hat oder nicht.

Worauf kommt es also an, wenn wir über den Klimawandel sprechen? Es ist wichtig, nicht nur auf einzelne Wetterereignisse zu schauen, sondern das große Ganze zu betrachten. Der Klimawandel zeigt sich vor allem in langfristigen Trends: anhaltende Erwärmung, steigende Meeresspiegel, Gletscherschmelze und veränderte Niederschlagsmuster über viele Jahrzehnte. Einzelne Hitzewellen oder Stürme können Hinweise darauf sein, dass sich das Klima verändert, aber erst über viele Jahre und durch die Analyse globaler Daten lässt sich klar sagen, in welche Richtung sich das Klima entwickelt.

Zusammengefasst: Das Wetter ist das, was wir täglich erleben – mal regnet es, mal scheint die Sonne. Das Klima hingegen ist das durchschnittliche Wetter über viele Jahre. Ein heißer Sommer oder ein kalter Winter bedeutet nicht gleich eine Trendwende beim Klima, und auch nicht jedes Unwetter kann man direkt dem Klimawandel zuschreiben. Um den Klimawandel zu verstehen, müssen wir langfristige Entwicklungen beobachten und nicht nur auf kurzfristige Wetterereignisse schauen.

Hagel und Graupel

Hagel und Graupel sind beides Formen von gefrorenem Niederschlag, die sich auf den ersten Blick ähnlich sehen, aber dennoch unterschiedliche Eigenschaften haben und sich auf verschiedene Weise bilden. Um diese beiden Phänomene besser zu verstehen, lohnt sich ein genauerer Blick auf ihre Entstehung.

Hagel besteht aus meist größeren Eiskugeln, die typischerweise bei Gewittern entstehen. Der Entstehungsprozess von Hagel ist eng mit den Luftströmungen in Gewitterwolken verbunden. Innerhalb dieser Wolken gibt es starke Auf- und Abwinde, die Wassertropfen immer wieder in die höheren, kälteren Bereiche der Atmosphäre schleudern. Dort gefrieren die Tropfen zu kleinen

Eiskugeln. Wenn diese gefrorenen Tropfen wieder nach unten fallen, nehmen sie neue Wassertröpfchen auf. Gelangen diese Tröpfchen wieder in die kalten Bereiche der Wolke, gefrieren sie erneut. Dieser Prozess kann sich mehrfach wiederholen, sodass die Hagelkörner Schicht für Schicht größer werden, bis sie schließlich zu schwer sind, um weiterhin von den Aufwinden in der Wolke gehalten zu werden. Sobald das geschieht, fallen die Hagelkörner zu Boden.

Hagelkörner können sehr unterschiedliche Größen haben. Sie reichen von Kügelchen bis hin zu großen Klumpen, die mehrere Zentimeter Durchmesser erreichen können. Die Struktur von Hagelkörnern ist hart und besteht oft aus mehreren klar abgegrenzten Schichten, die durch den wiederholten Gefrierprozess entstehen. Solche Hagelkörner können beträchtliche Schäden anrichten, insbesondere, wenn sie groß sind und mit hoher Geschwindigkeit zu Boden prasseln. Schäden an Autos, Gebäuden, Pflanzen oder sogar Menschen sind keine Seltenheit, wenn es zu starkem Hagel kommt. Besonders in den Sommermonaten, wenn Gewitter häufiger sind, tritt Hagel vermehrt auf.

Im Gegensatz dazu ist Graupel eine viel weichere und weniger gefährliche Form von gefrorenem Niederschlag. Graupel entsteht, wenn unterkühlte Wassertropfen – das sind Tropfen, die noch flüssig sind, obwohl sie sich unterhalb des Gefrierpunkts befinden – auf Schneeflocken treffen. Diese unterkühlten Tropfen gefrieren sofort, sobald sie die Schneeflocke berühren, und umhüllen sie mit einer Eisschicht. Das Ergebnis ist eine Art Eiskugel, die weniger kompakt ist als Hagel. Graupelkörner sind typischerweise nur ein paar Millimeter groß und zerfallen leicht, wenn man sie in die Hand nimmt. Ihre Struktur ist eher körnig und undurchsichtig, und sie unterscheiden sich deutlich von den klar geschichteten Hagelkörnern.

Graupel tritt oft bei kühleren Temperaturen auf, vor allem im Frühling, Herbst oder Winter, und ist häufig in Verbindung mit Schneeschauern oder kalten Regenfällen zu beobachten. Graupel sieht oft aus wie viele kleine Styroporkügelchen und verursacht keine nennenswerten Schäden. Hagel und Graupel sind Formen gefrorenen Niederschlags und sehen auf den ersten Blick ähnlich aus, unterscheiden sich aber signifikant voneinander. Wenn du das nächste Mal gefrorenen Niederschlag beobachtest, achte auf die Größe, Härte und Struktur: Große, harte Klumpen sind wahrscheinlich Hagel, während kleine, weiche Körnchen eher Graupel sein dürften.

Hurrikan, Taifun, Zyklon und Orkan – die großen Stürme der Erde

Die Erde wird regelmäßig von mächtigen Stürmen heimgesucht, die je nach Region und Art unterschiedliche Namen tragen: Hurrikan, Taifun, Zyklon und Orkan. Diese Stürme entstehen alle auf ähnliche Weise. Grundsätzlich sind Hurrikane, Taifune und Zyklone tropische Wirbelstürme, die sich über warmen Ozeanen bilden. Die Voraussetzungen für ihre Entstehung sind klar: Es muss genügend warme Meeresoberfläche vorhanden sein, damit sich die notwendige Energie aufbauen kann. Die Meerestemperaturen müssen dabei mindestens 26,5 °C betragen. Wenn warme, feuchte Luft über dem Ozean aufsteigt, kühlt sie sich ab und kondensiert, was gewaltige Mengen an Energie freisetzt. Diese Energie treibt den Sturm an und lässt ihn rotieren. Durch die Corioliskraft, die durch die Erdrotation verursacht wird, beginnt der Sturm sich zu drehen, wobei die Rotation auf der Nordhalbkugel im Uhrzeigersinn und auf der Südhalbkugel gegen den Uhrzeigersinn erfolgt.

Hurrikane, Taifune und Zyklone sind im Wesentlichen dasselbe Phänomen, sie unterscheiden sich lediglich durch die Region, in der sie auftreten. Hurrikane entstehen im Atlantik und im Nordostpazifik, Taifune treten im Nordwestpazifik auf, also in der Nähe von Asien, und Zyklone entstehen im Indischen Ozean und im Südpazifik. Ein Orkan hingegen ist eine sehr starke Winderscheinung, die in Europa und im Nordatlantik vorkommt. Während Hurrikane, Taifune und Zyklone tropische Stürme sind, die mit starken Regenfällen, Flutwellen und extremen Windgeschwindigkeiten einhergehen, bezieht sich der Begriff Orkan auf stürmische Winde, die vor allem durch Tiefdruckgebiete hervorgerufen werden.

Die Windgeschwindigkeiten dieser Stürme können enorm sein. Hurrikane und Taifune erreichen in extremen Fällen Windgeschwindigkeiten von mehr als 300 km/h. Der Durchmesser eines solchen Sturms kann bis zu 1000 Kilometer betragen, wobei das Auge des Sturms, also das windstille Zentrum, in der Regel einen Durchmesser von 20 bis 50 Kilometern hat. Zu den gewaltigsten Stürmen zählt der Taifun Haiyan, der 2013 die Philippinen verwüstete. Seine Windgeschwindigkeiten betrugen bis zu 315 km/h. Ein weiterer verheerender Sturm war der Hurrikan Katrina, der 2005 große Teile der Südküste der USA, insbesondere New Orleans, zerstörte. Neben den Verwüstungen durch den Wind selbst sind es oft die heftigen Regenfälle und Flutwellen, die die Hauptgefahr dieser Stürme darstellen. Bei Hurrikan Katrina zum Beispiel verursachte der Anstieg des Wasserspiegels verheerende Überschwemmungen. Städte und Siedlungen, die in Küstennähe liegen, sind besonders anfällig für Sturmfluten. Hinzu kommen oft tagelange Regenfälle, die zu Erdrutschen und Überschwemmungen im Inland führen. Orkane können durch starke Winde und Regenfälle ähnliche Schäden hervorrufen, vor allem in dicht besiedelten Gebieten wie Westeuropa, wo die Infrastrukturen oft nicht auf solch extreme Wetterereignisse ausgelegt sind.

Der Unterschied zwischen Hurrikan, Taifun und Zyklon ist also weniger meteorologischer Natur, sondern hängt vor allem von der geografischen Lage ab. Orkane sind hingegen nicht mit tropischen Wirbelstürmen gleichzusetzen, da sie oft über kühleren Gewässern oder Landmassen entstehen und durch große Temperaturunterschiede in der Atmosphäre verursacht werden. Orkane können ebenfalls hohe Windgeschwindigkeiten erreichen, aber sie sind in der Regel mit Kaltfronten und starken Druckunterschieden verbunden, anstatt durch die warme Energie tropischer Gewässer angetrieben zu werden.

In den letzten Jahren hat die Häufigkeit und Intensität dieser Stürme zugenommen, was viele Forscher auf den Klimawandel zurückführen. Die steigenden globalen Temperaturen haben wärmere Meere zur Folge, was wiederum die Entstehung und Stärke von Wirbelstürmen fördert. Zwar gibt es natürliche Schwankungen in der Häufigkeit von Stürmen, doch die Klimamodelle zeigen, dass mit der Erwärmung der Erde auch die Intensität der Stürme zunimmt. Tropische Wirbelstürme sind daher nicht unbedingt häufiger geworden, aber sie werden tendenziell stärker und verursachen mehr Zerstörungen, da die steigenden Meeresspiegel und wärmeren Ozeane stärkere Flutwellen und intensivere Regenfälle begünstigen.

Zusammenfassend lässt sich sagen, dass Hurrikane, Taifune, Zyklone und Orkane gewaltige Naturereignisse sind, die durch eine Kombination aus warmen Meeren, aufsteigender feuchter Luft und der Erdrotation entstehen. Der Klimawandel spielt dabei eine immer größere Rolle. Diese Wetterphänomene könnten in Zukunft noch intensiver und gefährlicher werden. Es bleibt daher wichtig, sich auf solche Stürme vorzubereiten und den Klimawandel ernst zu nehmen, um die Häufigkeit und Stärke dieser Naturkatastrophen zu minimieren.

Tornado oder Downburst? Das ist hier die Frage

Ein Tornado ist ein stark rotierender Luftwirbel, der sich aus Gewittern herausbilden kann. Diese Wirbelwinde entstehen, wenn kalte und warme Luftmassen aufeinandertreffen und die Luft schnell aufsteigt. Dabei dreht sich die Luft in einem engen Kreis und kann immense Zerstörungen anrichten. Tornados können innerhalb von Minuten entstehen und erreichen oft Windgeschwindigkeiten von über 100 km/h, manchmal sogar mehr als 400 km/h.

In Deutschland gibt es Tornados schon seit vielen Jahrhunderten. Aufzeichnungen darüber reichen bis ins Mittelalter zurück. Früher wurden Tornados oft als »Wetterteufel« bezeichnet. Heute wissen wir mehr über diese Naturphänomene und können sie besser beobachten. Pro Jahr registrieren wir in Deutschland zwischen 20 und 60 bestätigte Tornados. Ob es mehr Tornados gibt als in der Vergangenheit, lässt sich schwer sagen, da wir heute durch moderne Technik mehr Fälle erkennen. Früher blieben viele Tornados unbemerkt, vor allem in spärlich bewohnten Gegenden.

Ein Tornado-Verdachtsfall wird gemeldet, wenn es Hinweise auf einen Tornado gibt wie Berichte von Augenzeugen oder Radaraufnahmen, aber der Tornado gilt damit noch nicht als bestätigt. Bestätigte Tornadofälle werden dann dokumentiert, wenn klare Beweise wie Fotos, Videos oder eindeutige Schäden existieren.

Im Vergleich zu den USA treten in Deutschland deutlich weniger Tornados auf, und sie sind in der Regel schwächer. Im Mittleren Westen der USA gibt es eine Region, die als »Tornado Alley« bekannt ist. Dort entstehen Tornados besonders häufig, weil die klimatischen Bedingungen ideal sind. Heiße Luftmassen aus dem Süden treffen auf kühle Luft aus dem Norden, was die Bildung von Tornados begünstigt. In Deutschland sind die Wetterbedingungen gemäßigter.

Der stärkste bekannte Tornado in Deutschland ereignete sich 1968 in Pforzheim. Dieser Tornado wurde auf der sogenannten Fujita-Skala als F4 eingestuft. Die Fujita-Skala misst die Stärke von Tornados anhand der Schäden, die sie verursachen. Ein F4-Tornado hat Windgeschwindigkeiten zwischen 330 und 417 km/h und kann massive Zerstörungen hinterlassen. Es gibt auch Tornados der Stärke F5, aber solche extremen Fälle sind sehr selten.

Die Stärke eines Tornados kann heute auch mit modernen Radarsystemen, wie dem Dopplerradar, gemessen werden. Diese Technologie kann Tornados aufspüren, indem sie die Geschwindigkeit von Luftmassen misst, die sich auf uns zu- oder von uns wegbewegen. Damit lassen sich Tornados oft frühzeitig erkennen. Allerdings ist es immer noch schwer, Tornados genau vorherzusagen, da sie oft sehr plötzlich entstehen.

Zur Entstehung eines Tornados braucht es in der Regel ein starkes Gewitter. Besonders wichtig ist eine sogenannte Superzelle, eine spezielle Art von Gewitter, die durch eine rotierende Aufwärtsströmung gekennzeichnet ist. Tornados bilden sich selten bei Schauern ohne Gewitter, da die kräftigen Aufwinde und die Rotation meist nur bei starken Gewittern vorhanden sind.

Wenn man einem Tornado begegnet, sollte man keinesfalls stehenbleiben, um Fotos oder Videos zu machen. Tornados können sich überraschend schnell bewegen, oft mit 30 bis 70 km/h, und die Richtung wechseln. Die beste Schutzmaßnahme besteht darin, sich in ein festes Gebäude zu begeben, am besten in einen Keller oder einen Raum ohne Fenster. Wenn man im Freien ist und keine Schutzmöglichkeit hat, sollte man sich in eine Mulde legen und tief am Boden bleiben, um vor umherfliegenden Trümmern möglichst sicher zu sein.

Die Schneise, die ein Tornado hinterlässt, kann sehr unterschiedlich breit sein. Kleinere Tornados hinterlassen Schneisen von wenigen Meter Breite, während besonders starke Tornados Schneisen von bis zu einem Kilometer hinterlassen können.

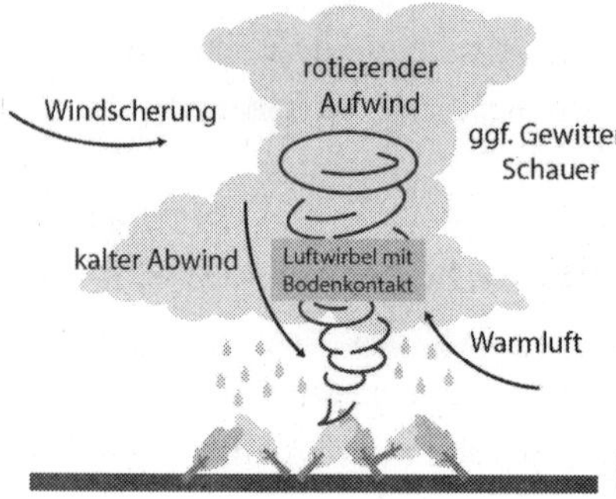

Tornado

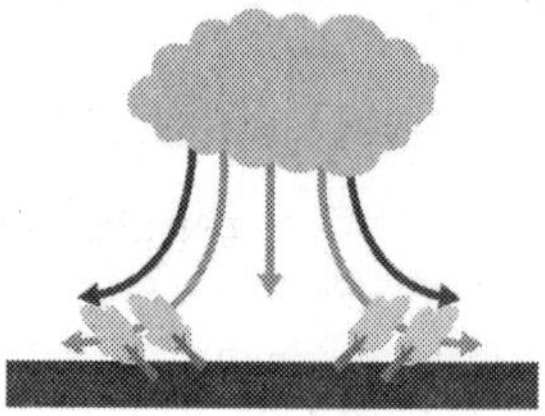

Fallböe (Downburst)

Ein Phänomen, das oft mit Tornados verwechselt wird, ist der sogenannte Downburst. Ein Downburst ist ein starker Abwind aus einem Gewitter, der auf den Boden trifft und sich dann in alle Richtungen ausbreitet. Auch ein Downburst kann große Schäden verursachen, indem er Bäume umwirft und Dächer abdeckt, aber er dreht sich nicht wie ein Tornado. Der Unterschied liegt also in der Art der Winde: Während ein Tornado rotierende Winde hat, handelt es sich bei einem Downburst um lineare Winde, die in eine Richtung wehen.

Kurz: Ein Tornado ist ein rotierender Luftwirbel, der durch Gewitter entsteht und schwere Schäden anrichten kann. In Deutschland treten sie seltener und meist schwächer auf als in den USA. Es ist wichtig, sich rechtzeitig in Sicherheit zu bringen und keinesfalls in der Nähe zu bleiben, um zu fotografieren. Tornados bewegen sich schnell und hinterlassen breite Schneisen der Zerstörung.

Ein Downburst dagegen ist ein starker Abwind ohne Rotation, der oft mit einem Tornado verwechselt wird.

Regen und Regenschauer – nicht dasselbe?

Regen ist Regen, oder? Nicht ganz! In der Meteorologie gibt es nämlich einen Unterschied zwischen »Regen« und »Schauer«, und der ist gar nicht so kompliziert, wie es vielleicht klingt.

Regen ist das, was wir kennen, wenn es über einen längeren Zeitraum kontinuierlich und oft gleichmäßig vom Himmel tröpfelt. Es regnet mal stärker, mal schwächer, aber meistens hört es nicht so schnell wieder auf. Wenn im Wetterbericht von Regen die Rede ist, dann bedeutet das, dass es eine ausgedehnte Wolkenformation gibt, die konstanten Niederschlag bringt. Solcher Regen kann über Stunden anhalten und verteilt sich großflächig.

Ein Schauer hingegen ist etwas anders. Auch ein Schauer ist natürlich Regen, aber er kommt oft ohne Vorwarnung und dauert in der Regel nur kurz. Du kennst das sicher: Es scheint die Sonne, dann zieht plötzlich eine dunkle Wolke auf, es schüttet für ein paar Minuten und dann ist es auch schon wieder vorbei. Das ist typisch für einen Schauer. Solche Schauer entstehen oft durch Wolken, die sich schnell entwickeln, zum Beispiel durch aufsteigende warme Luft, die sich rasch abkühlt.

Der Hauptunterschied liegt also in der Dauer und der Art des Niederschlags. Regen ist gleichmäßiger und langanhaltend, während ein Schauer kurz und heftig ist und oft lokal auftritt. Meteorologen unterscheiden deshalb zwischen beiden, weil es auch für den Alltag einen Unterschied macht, ob du dich auf einen langen Regentag einstellen musst oder ob du nur kurz von einem Schauer überrascht wirst.

Wolken und Nebel

Wolken entstehen durch einen einfachen, aber beeindruckenden physikalischen Prozess, der eng mit der Bewegung von Wasser in der Atmosphäre verbunden ist. Alles beginnt mit der Verdunstung von Wasser. Wenn Wasser auf der Erdoberfläche – sei es aus Seen, Flüssen, Meeren oder sogar Pflanzen – erwärmt wird, geht es in die Luft über und wird zu unsichtbarem Wasserdampf. Dieser Wasserdampf steigt mit der erwärmten Luft nach oben, denn warme Luft ist leichter als kalte. Je höher der Wasserdampf in die Atmosphäre aufsteigt, desto kälter wird es. Ab einer bestimmten Höhe kühlt der Wasserdampf so weit ab, dass er wieder zu winzigen Wassertröpfchen kondensiert. Dieser Prozess der Kondensation ist der Kern der Wolkenbildung.

Damit die Wassertröpfchen sich zu einer Wolke zusammenfügen können, brauchen sie sogenannte Kondensationskerne – winzige Partikel in der Luft wie Staub, Pollen oder Salz. Diese Partikel bieten dem Wasserdampf eine Oberfläche, an der er sich sammeln und wieder zu Flüssigkeit werden kann. Wenn genügend Wassertröpfchen vorhanden sind, entsteht eine sichtbare Wolke, die aus Milliarden von Tröpfchen besteht. Diese Tröpfchen sind so leicht, dass sie in der Luft schweben und von den aufsteigenden Luftströmen getragen werden. Auch Eiskristalle können eine Rolle spielen, wenn die Temperaturen hoch oben in der Atmosphäre sehr niedrig sind, und so können Wolken auch teilweise aus gefrorenem Wasser bestehen.

Nebel hingegen ist einer Wolke ähnlich, es gibt aber einen entscheidenden Unterschied: Er bildet sich direkt am Boden. Während Wolken in der Regel in größerer Höhe entstehen, bleibt Nebel am Erdboden und entsteht unter speziellen Bedingungen, wenn sich die Luft am Boden stark abkühlt. Der Prozess der Nebelbildung ist im Grunde genommen derselbe wie bei Wolken. Wenn feuchte Luft abkühlt, kann der Wasserdampf nicht mehr in der Luft gehalten werden und kondensiert zu Wassertröpfchen. Diese Tröpfchen schweben dann knapp über dem Boden und bilden so den Nebel, den wir sehen. Für viele Menschen ist es überraschend zu erfahren, dass Nebel im Grunde genommen nichts anderes als eine tief liegende Wolke ist.

Besonders in der Nacht und am frühen Morgen bildet sich häufig Nebel, weil die Luft in Bodennähe durch die fehlende Sonneneinstrahlung abkühlt. In Tälern oder in der Nähe von Gewässern tritt Nebel verstärkt auf, da dort oft viel Feuchtigkeit in der Luft vorhanden ist. Auch an windstillen Tagen bleibt Nebel länger bestehen, da es keine Luftbewegung gibt, die den Nebel auflösen kann. Sobald die Sonne wieder aufsteigt und die Luft erwärmt, verdunstet der Nebel oft recht schnell, weil die Wassertröpfchen wieder in unsichtbaren Wasserdampf übergehen.

Wolken hingegen können sich in unterschiedlichen Höhenlagen bilden und haben je nach Höhe und Temperatur unterschiedliche Eigenschaften. Es gibt verschiedene Wolkentypen, die sich durch ihre Form und Höhe unterscheiden. So gibt es beispielsweise die federartigen Zirruswolken, die aus Eiskristallen bestehen und in höheren Luftschichten vorkommen, oder die tiefen, dicken Cumuluswolken, die wir oft als »Schäfchenwolken« bezeichnen. Jede Wolkenform entsteht durch spezifische atmosphärische Bedingungen, die Temperatur, Feuchtigkeit und die Bewegung der Luftmassen beeinflussen.

Obwohl Wolken und Nebel also grundsätzlich denselben Entstehungsprozess haben, gibt es klare Unterschiede. Wolken bilden sich durch den Aufstieg von feuchter Luft in die Atmosphäre, während Nebel durch die Abkühlung feuchter Luft direkt am Boden entsteht.

Dieser einfache, aber beeindruckende Vorgang spielt eine entscheidende Rolle in unserem Wettergeschehen und beeinflusst nicht nur, wie wir den Himmel wahrnehmen, sondern auch unser tägliches Leben durch Regen, Schnee oder eben Nebel.

Die Jahreszeiten – meteorologisch versus kalendarisch

Der Unterschied zwischen meteorologischer und kalendarischer Jahreszeit sorgt oft für Verwirrung, denn je nachdem, welchen Ansatz man wählt, können die Jahreszeiten an unterschiedlichen Tagen beginnen. Der Beginn der kalendarischen Jahreszeiten richtet sich nach dem Sonnenstand und den astronomischen Gegebenheiten. Dabei spielen die Tagundnachtgleichen und die Sonnenwenden eine entscheidende Rolle. Diese astronomischen Ereignisse bestimmen, wann eine neue Jahreszeit beginnt. So startet der Frühling mit der Frühlings-Tagundnachtgleiche um den 20. oder 21. März, der Sommer beginnt mit der Sommersonnenwende um den 21. Juni, der Herbst startet mit der Herbst-Tagundnachtgleiche um den 22. oder 23. September und der Winter beginnt mit der Wintersonnenwende um den 21. oder 22. Dezember. Diese Zeitpunkte schwanken leicht von Jahr zu Jahr, da die Erdumlaufbahn um die Sonne nicht exakt 365 Tage beträgt, sondern etwa 365,24 Tage. Aus diesem Grund gibt es auch alle vier Jahre ein Schaltjahr, um den Kalender an den tatsächlichen Lauf der Erde um die Sonne anzupassen.

Die meteorologischen Jahreszeiten hingegen haben einen anderen Hintergrund. Sie basieren auf einem simpleren und klaren System, das von den Wetterdiensten verwendet wird, um Klimadaten besser vergleichen und Wetterstatistiken führen zu können. Meteorologische Jahreszeiten beginnen immer am ersten Tag eines bestimmten Monats und dauern genau drei Monate. So beginnt der meteorologische Frühling am 1. März, der Sommer am 1. Juni, der Herbst am 1. September und der Winter am 1. Dezember. Die meteorologischen Jahreszeiten basieren also nicht auf astronomischen Ereignissen, sondern auf einem pragmatischen, festen Schema, das sich über viele Jahre hinweg bewährt hat.

Es stellt sich die Frage, warum es überhaupt zwei unterschiedliche Systeme gibt. Der Hauptgrund liegt darin, dass das Wetter und das Klima oft nicht genau mit den astronomischen Ereignissen übereinstimmen. Beispielsweise kann es im März noch winterlich kalt sein, obwohl der kalendarische Frühling bereits begonnen hat. Umgekehrt können wir oft im kalendarischen Herbst noch sommerliche Temperaturen genießen. Die meteorologischen Jahreszeiten helfen dabei, diese klimatischen Gegebenheiten besser einzuordnen. Sie bieten den Vorteil, dass sie sich an den tatsächlichen Wetterverläufen orientieren und nicht an den Sternen und Planeten. Es wäre also ziemlich umständlich, statistische Vergleiche von Wetterdaten anzustellen, wenn die Jahreszeiten jedes Jahr an einem anderen Tag beginnen würden.

Wer legt nun fest, wann welche Jahreszeit beginnt? Die kalendarischen Jahreszeiten sind durch die Bewegung der Erde um die Sonne und deren Neigung zur Ekliptik vorgegeben und sie werden von Astronomen genau berechnet. Die meteorologischen Jahreszeiten hingegen werden von den nationalen Wetterdiensten festgelegt. Das System mit den festen Monatsanfängen hat sich international durchgesetzt, und auch die großen meteorologischen Organisationen wie die Weltorganisation für Meteorologie (WMO) folgen diesem Schema.

Die Nutzung beider Systeme ergibt also durchaus Sinn, auch wenn sie auf den ersten Blick verwirrend erscheinen mag. Die kalendarischen Jahreszeiten bieten uns eine Verbindung zu den natürlichen Rhythmen der Erde und den kosmischen Zyklen, während die meteorologischen Jahreszeiten eine praktische und handhabbare Methode darstellen, das Wetter und das Klima zu erfassen und vorherzusagen. Während die kalendarischen Jahreszeiten also eher eine symbolische und astronomische Bedeutung haben, sind die meteorologischen Jahreszeiten ein Werkzeug der Wissenschaft und Praxis. Beide Ansätze ergänzen sich.

Wetterscheiden versus Wettergrenzen

Viele Menschen glauben, dass Flüsse wie der Rhein, die Elbe oder der Main das Wetter »in zwei Hälften teilen« – dass auf der einen Seite des Flusses die Sonne scheint, während es auf der anderen Seite regnet. Diese Vorstellung von Flüssen als Wetterscheiden hat sich fest in manchen Köpfen verankert. Doch stimmt das wirklich? Können Flüsse das Wetter tatsächlich prägen oder ist das nur ein weit verbreiteter Irrglaube? Und gibt es einen Unterschied zwischen Wetterscheiden und Wettergrenzen? Schauen wir uns das Ganze einmal genauer an.

Zunächst einmal: Flüsse, so beeindruckend sie auch sein mögen, haben keinen direkten Einfluss auf das Wetter. Sie mögen in der Landschaft als imposante Barrieren wirken und stellen auch natürliche Grenzen für Siedlungen oder Verkehrswege dar, doch in Sachen Wetter spielen sie kaum eine Rolle. Warum ist das so? Das Wetter entsteht in der Atmosphäre, und dabei geht es um das Zusammenspiel riesiger Luftmassen, die sich mit unterschiedlicher Temperatur und Feuchtigkeit bewegen. Treffen Warm- und Kaltfronten aufeinander, führt das oft zu plötzlichen Wetterveränderungen wie Regen, Gewittern oder Wind. Die zwischen den Luftmassen bestehende atmosphärische Grenze nennt man Wettergrenze. Sie ist das Ergebnis von Prozessen, die in großen Höhen stattfinden – weit über den Flüssen.

Der Gedanke, dass ein Fluss wie der Rhein Einfluss aufs Wetter nehmen könnte, ist also ein Mythos. Es gibt keine physikalische Grundlage dafür. Die Luftmassen, die sich über Flüsse hinwegbewegen, ändern ihre Eigenschaften nicht plötzlich, nur weil sie ein Gewässer überqueren. Wenn es vorkommt, dass auf der einen Seite eines Flusses die Sonne scheint und auf der anderen ein Gewitter tobt, hat das nichts mit dem Fluss selbst zu tun. Es handelt sich dabei vielmehr um eine zufällige Wetterlage, die durch lokale Bedingungen wie Wind hervorgerufen wird.

Es gibt auch Wettergrenzen, die regelmäßig auftreten. Ein bekanntes Beispiel ist die sogenannte Polarfront. Diese Wettergrenze trennt kalte Luft aus den nördlichen Polarregionen von wärmeren Luftmassen, die aus südlicheren Breiten kommen. Die Polarfront wandert im Laufe des Jahres je nach Jahreszeit nach Norden oder Süden und beeinflusst das Wetter in Europa maßgeblich. In der kalten Jahreszeit sorgt diese Wettergrenze häufig für unbeständiges Wetter, Stürme und Schneefälle. Eine andere bekannte Wettergrenze ist die sogenannte Passatwindzone, die in tropischen Regionen für die typischen Regen- und Trockenzeiten verantwortlich ist. Solche regelmäßigen Wettergrenzen entstehen durch globale Luftströmungen.

Nun gibt es aber tatsächlich geografische Gegebenheiten, die das Wetter beeinflussen können, und zwar Berge. Berge können bei entsprechender Höhe Luftmassen daran hindern weiterzuziehen – und haben damit Auswirkungen auf das Zusammenspiel der Luftmassen, aus dem das Wetter entsteht. Solche geografischen Hindernisse mit möglichem Einfluss auf die Luftströmungen nennt man Wetterscheiden, im Gegensatz zu den atmosphärischen Wettergrenzen. Ein bekanntes Beispiel ist der Föhn in den Alpen, bei dem warme Luft auf eine Bergkette trifft, aufsteigt und abkühlt. Auf der einen Seite des Gebirges fällt oft Niederschlag, während es auf der anderen Seite trocken und sonnig bleibt. Ein weiteres Beispiel ist das Erzgebirge. Doch nicht jede Erhebung fungiert automatisch als Wetterscheide, es braucht dafür einen deutlichen Höhenunterschied im Geländeprofil.

Gewässer wie der Rhein, die Elbe oder der Main sind also markante geografische Grenzen, die für das Leben der Menschen prägend sind, doch in Bezug auf das Wetter spielen sie kaum eine Rolle. Die Vorstellung, dass Flüsse das Wetter trennen, beruht auf zufälligen Beobachtungen und ist wissenschaftlich nicht haltbar. Wettergrenzen entstehen durch das Aufeinandertreffen unterschiedlicher Luftmassen und durch globale atmosphärische Prozesse. Berge und Gebirge hingegen können als Wetterscheiden fungieren, da sie wetterverursachende Luftmassen daran hindern, ungestört weiterzuziehen.

Raureif und Frost

Von Frost spricht man, wenn die Temperaturen unter 0 °C fallen. Er kann in verschiedenen Formen auftreten.

Bodenfrost bedeutet, dass die Temperatur des Bodens unter dem Gefrierpunkt liegt, während die Luft darüber noch Plusgrade hat. Als Luftfrost hingegen bezeichnet man es, wenn auch in etwa 2 Meter Höhe Temperaturen unter 0 °C gemessen werden. Besonders in klaren Nächten, wenn die Wärme ungehindert in den Weltraum entweichen kann, kühlt der Boden stark aus, was die Frostbildung begünstigt. Je nach Luftfeuchtigkeit kann Frost völlig unscheinbar bleiben oder sich als dünne, glitzernde Eisschicht auf Gras, Autoscheiben oder Hausdächern bemerkbar machen. Auch gefrorene Wasserpfützen oder rutschige Straßen gehören zu den typischen Erscheinungen, die durch Frost entstehen. In der Natur kann Frost sowohl beeindruckend als auch schädlich sein – der eisige Schleier nach frostigen Nächten sieht zwar malerisch aus, doch wenn er außerhalb des Winters auftritt, sterben empfindliche Pflanzen häufig ab.

Raureif hingegen ist eine besondere Art der Eisbildung, die sich vollzieht, wenn feuchte Luftmoleküle direkt auf kalte Oberflächen treffen und dort gefrieren. Anders als gewöhnlicher Frost, der oft nur eine dünne Eisschicht bildet, wachsen beim Raureif feine Eiskristalle in federartigen Strukturen empor. Besonders häufig tritt Raureif auf, wenn die Lufttemperatur deutlich unter den Gefrierpunkt sinkt und die Luftfeuchtigkeit hoch ist. Nebel oder feuchte Luft aus Flüssen und Seen fördern die Bildung dieser zarten, weißen Kristallschichten. Raureif verwandelt die Landschaft in eine märchenhafte Winterwelt, indem er Bäume, Zäune und Wiesen mit einer dicken Schicht aus frostigen Nadeln überzieht. Wer an einem frühen Wintermorgen über Felder oder durch Wälder spaziert, kann die feinen Strukturen möglicherweise bewundern.

Ohne Frost gibt es also keinen Raureif, denn die notwendige Kälte sorgt erst dafür, dass die Feuchtigkeit in der Luft gefriert. Während Frost allein eher unscheinbar bleibt, ist Raureif oft ein beeindruckendes Naturschauspiel, das sich besonders in sehr kalten und feuchten Nächten bildet.

Kleines Einmaleins des Wetters

Wie entsteht Wind – und welchen Nutzen hat er?

Wind entsteht durch den Ausgleich von Druckunterschieden in der Atmosphäre. Diese Druckunterschiede werden vor allem durch die ungleichmäßige Erwärmung der Erdoberfläche verursacht. Wenn die Sonne auf die Erde scheint, wird die Luft in manchen Gebieten stärker erwärmt als in anderen. Warme Luft dehnt sich aus und steigt nach oben, da sie leichter ist als kalte Luft. Gleichzeitig strömt kältere, schwerere Luft aus benachbarten Gebieten nach, um die aufsteigende warme Luft zu ersetzen. Dieser Prozess führt zu einer Bewegung der Luft, die wir als Wind wahrnehmen. Wind ist also nichts anderes als Luft, die aufgrund der unterschiedlichen Temperaturen und Druckverhältnisse in Bewegung gesetzt wird.

Die Erde braucht Wind, um Wärme und Feuchtigkeit auf dem Planeten zu verteilen. Ohne Wind wären viele Gebiete der Erde entweder extrem heiß oder extrem kalt. Der Wind sorgt dafür, dass die Wärme von den warmen Regionen, wie den Tropen, in kältere Gebiete transportiert wird. Er bringt auch Feuchtigkeit von den Meeren ins Landesinnere, was für die Bildung von Wolken und Regen wichtig ist. Auf diese Weise trägt Wind dazu bei, das Klima auszugleichen und stabile Wetterbedingungen zu schaffen. Pflanzen, Tiere und Menschen sind auf den Wind angewiesen, da er überlebenswichtige Ressourcen wie Wasser und frische Luft gleichmäßig verteilt.

Es gibt viele verschiedene Arten von Winden, die auf der Erde eine Rolle spielen. Einer der bekanntesten ist der Passatwind. Diese beständigen Winde wehen in den Tropen von Osten nach Westen und spielen eine wichtige Rolle im globalen Klimasystem. Sie entstehen durch die Erwärmung der Luft in der Nähe des Äquators. Dort steigt die warme Luft auf, und kältere Luft aus den höheren Breiten strömt nach. Der Passatwind trägt feuchte Luftmassen vom Meer auf das Festland, was in vielen tropischen Regionen für regelmäßigen Regen sorgt. Ein weiterer wichtiger Wind ist der Westwind, der in den mittleren Breiten der Erde von Westen nach Osten weht. Er beeinflusst das Wetter in Europa und Nordamerika maßgeblich, da er feuchte Luft vom Atlantik auf das Festland bringt und so Niederschläge und wechselhaftes Wetter bedingt.

Neben den großflächigen Windströmungen gibt es auch lokale Winde, die in bestimmten Regionen der Erde auftreten. Ein bekanntes Beispiel ist der Mistral, ein kalter Fallwind, der aus dem Rhône-Tal in Südfrankreich ins Mittelmeer weht. Der Mistral entsteht, wenn kalte Luft aus den Alpen ins Tal strömt und dabei beschleunigt wird. Er kann besonders im Winter sehr stark werden und führt oft zu klarem, aber kaltem Wetter in der Region. Ein anderes Beispiel ist der Scirocco, ein heißer Wüstenwind, der aus der Sahara in Richtung Mittelmeer weht. Dieser Wind verursacht in Südeuropa oft sehr hohe Temperaturen und trockene Luft.

Wind kann jedoch auch gefährlich werden, vor allem, wenn er hohe Geschwindigkeiten erreicht. Starke Winde können Gebäude beschädigen, Bäume umstürzen und sogar Menschenleben gefährden. Stürme und Hurrikane sind extreme Formen von Winden, die durch eine Kombination von niedrigen Druckgebieten und starker Verdunstung über warmen Meeren entstehen. Wenn diese Stürme auf Land treffen, können sie große Zerstörungen anrichten. Hurrikane, Taifune oder Zyklone – je nachdem, in welchem Teil der Welt sie auftreten – sind massive Wirbelstürme, die Windgeschwindigkeiten von über 250 km/h erreichen können. Sie bringen oft auch heftige Regenfälle mit sich, die Überschwemmungen verursachen.

Trotz der Gefahren, die starke Winde bergen können, sind Winde für das Leben auf unserem Planeten unverzichtbar. Sie helfen nicht nur, das Klima auszugleichen, sondern sind auch ein wichtiger Teil vieler natürlicher Prozesse. Pflanzen nutzen den Wind, um ihre Samen zu verbreiten, Vögel nutzen ihn, um lange Strecken zu fliegen, und in vielen Regionen der Welt sorgt der Wind für frische Luft, indem er Schadstoffe aus den Städten und Ballungsräumen wegbläst. Wind ist also ein elementarer Bestandteil des Wetters – und des Lebens auf der Erde.

In welche Richtung ziehen eigentlich Wolken?

Wolken und Wind sind spannende Phänomene, die oft miteinander verbunden sind. Doch manchmal scheint es so, als würden Wolken in eine andere Richtung als die des Windes ziehen. Wie kann das sein?

Meist ziehen Wolken in die Richtung, in die der Wind bläst. Das ist logisch, denn der Wind bewegt die Luftmassen, und damit auch die Wolken. Doch der Wind ist nicht überall gleich. Oft ist es so, dass der Wind in verschiedenen Höhen eine unterschiedlich Stärke oder Richtung hat. Am Boden spürst du vielleicht eine leichte Brise, während in höheren Luftschichten, wo sich die Wolken befinden, ein ganz anderer Wind weht. Das nennt man »Windschichtung« oder »Windscherung«.

Deshalb wirkt es mitunter so, als würden die Wolken »gegen den Wind« ziehen. In Wirklichkeit folgen sie einfach dem Wind in ihrer Höhe, der aber nicht unbedingt dem Bodenwind entspricht. Besonders fällt das bei großen, hohen Wolken wie Cumulonimbus auf. Das sind bedrohlich hoch aufragende Wolken mit einer dunklen, dichten Basis und einem oft ambossförmigen oberen Teil. Sie bringen Gewitter, starken Regen oder Hagel. In solchen Wolken können sogar einzelne Abschnitte von unterschiedlichen Winden beeinflusst werden – die unteren Teile der Wolke ziehen in eine andere Richtung als die oberen.

In den verschiedenen Schichten der Atmosphäre herrschen also oft unterschiedliche Windgeschwindigkeiten und -richtungen. Am Erdboden weht der Wind deshalb manchmal anders als in der Höhe.

Der Föhn – ein gigantisches Warmluftgebläse

Es hat einen Grund, dass der Haartrockner in der Umgangssprache genauso heißt wie ein geläufiges Wetterphänomen: In beiden Fällen handelt es sich um einen warmen Luftstrom. Es war eine clevere Marketingidee der Firma Sanitas, als sie Anfang des 20. Jahrhunderts ihr praktisches Haushaltsgerät nach dem meteorologischen Ereignis benannte, welches oft in den süddeutschen und österreichischen Alpenregionen auftritt. Doch wie genau entsteht der Föhn, und warum wird er von manchen Menschen gefürchtet, während andere ihn genießen?

Der Föhn ist ein warmer, trockener Fallwind, der auf der windabgewandten Seite eines Gebirges weht. Das Besondere am Föhnwind ist, dass er für eine plötzliche Erwärmung sorgt und oft sehr heftige Böen mit sich bringt. In den Alpenregionen kann der Föhn an einem Tag für sommerliche Temperaturen sorgen, selbst wenn es vorher kühl war. Die Menschen in der Schweiz, in Süddeutschland und in Österreich kennen dieses Phänomen gut.

Um zu verstehen, wie der Föhn entsteht, muss man sich die Bewegung der Luftmassen anschauen. Wenn feuchte Luft vom Meer oder anderen großen Wasserflächen aufsteigt, wird sie vom Wind in Richtung Gebirge geschoben. In unserem Beispiel: Der Wind kommt aus dem Süden und bläst gegen die Alpen. An der Luvseite, also der dem Wind zugewandten Seite, wird die feuchte Luft nach oben gedrückt. Beim Aufsteigen kühlt die Luft ab, denn je höher sie steigt, desto kälter wird es. Durch diese Abkühlung kondensiert der Wasserdampf in der Luft und bildet Wolken. Diese Wolken regnen oft ab, was dazu führt, dass die Luft auf der Luvseite noch feuchter und kühler wird.

Doch wenn diese Luft den Gipfel des Gebirges überquert und auf die andere Seite – die Leeseite – hinunterströmt, passiert etwas Spannendes: Die Luft erwärmt sich beim Absteigen. Das liegt daran, dass sich absteigende Luft komprimiert, also zusammengepresst wird, wodurch ihre Temperatur steigt. Zusätzlich ist die Luft, die nun auf der Leeseite hinunterströmt, sehr trocken, wenn sie zuvor auf der Luvseite ihren Wasserdampf durch Regen abgegeben hat. Dieser warme, trockene Luftstrom ist der Föhnwind und führt auf der windabgewandten Seite des Gebirges für plötzliches sonniges Wetter. Gleichzeitig kann er starke Windböen mit sich bringen, die manchmal bis in die Täler und Städte hinabfegen.

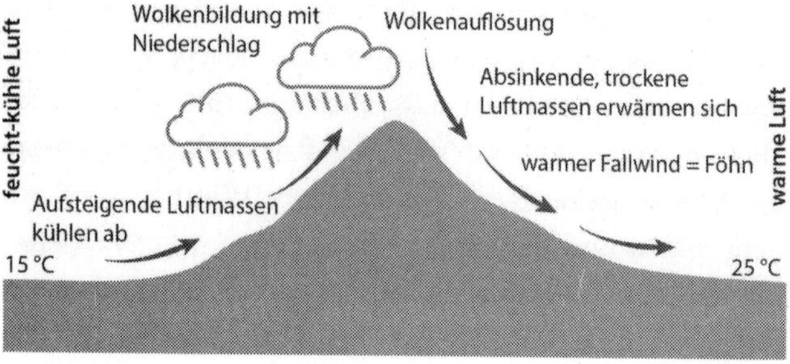

Der Alpenföhn ist eines der bekanntesten Beispiele, darum hat sich »Föhn« in der meteorologischen Fachsprache mittlerweile international als Bezeichnung für das Phänomen etabliert. Besonders auf der Nordseite der Alpen, also in Gebieten wie dem Allgäu, dem bayerischen Voralpenland oder in der Schweiz, erleben die Menschen den Föhn regelmäßig. Er sorgt oft dafür, dass die Temperaturen in diesen Regionen plötzlich um mehrere Grad ansteigen und das Wetter schlagartig von wolkig-kühl zu sonnig-warm wechselt.

Der Föhn hat aber nicht nur angenehme Seiten. Viele Menschen fühlen sich während eines Föhns nicht gut. Es gibt Hinweise darauf, dass der schnelle Wetterwechsel und der starke Wind bei manchen Menschen Kopfschmerzen, Migräne oder Kreislaufprobleme auslösen können. Auch die Wissenschaft hat sich mit dem »Föhn-Kopfschmerz« beschäftigt, und manches deutet darauf hin, dass der Föhn den Blutdruck beeinflusst und bei wetterempfindlichen Menschen für Unwohlsein sorgen kann. Gleichzeitig ist der Föhn aber auch bei Segelfliegern und Outdoor-Sportlern beliebt, weil er für klare Sicht und stabile Luftströmungen sorgt.

Interessanterweise gibt es dieses Wetterphänomen auch in anderen Teilen der Welt. In den Rocky Mountains der USA nennt man es »Chinook«, in den Anden ist es der »Zonda« und in Neuseeland der »Nor'wester«. Alle diese Winde haben das gleiche Grundprinzip: Sie sind warme, trockene Fallwinde, die auf der windabgewandten Seite eines Gebirges hinabströmen und plötzlich für warmes Wetter sorgen. Ob man ihn genießt oder fürchtet, der Föhn bleibt ein beeindruckendes Naturphänomen, das in den Alpenregionen regelmäßig für Gesprächsstoff sorgt.

Wie entstehen Hochs und Tiefs – und wie kommen sie zu ihren Namen?

Hoch- und Tiefdruckgebiete sind zentrale Bestandteile unseres Wetters und beeinflussen, ob es sonnig, regnerisch, stürmisch oder ruhig ist. Sie entstehen durch die ungleichmäßige Erwärmung der Erdoberfläche, was zu Druckunterschieden in der Atmosphäre führt. Ein Tiefdruckgebiet entwickelt sich, wenn warme Luft aufsteigt. Da warme Luft leichter ist, steigt sie in die Höhe und lässt am Boden einen Bereich mit niedrigerem Luftdruck zurück. In der Höhe kühlt die Luft ab, es entstehen Wolken und oft kommt es zu Niederschlag. Tiefdruckgebiete bringen in der Regel wechselhaftes, oft regnerisches Wetter und können in starken Ausprägungen auch Stürme und Orkane zur Folge haben.

Ein Hochdruckgebiet bildet sich hingegen, wenn kalte Luft absinkt. Diese schwere Luft drückt auf die Erdoberfläche und erzeugt einen Bereich mit höherem Druck. Hochdruckgebiete sind typischerweise mit klarem, trockenem Wetter verbunden, da die absinkende Luft die Bildung von Wolken verhindert. Doch nicht immer sind Hochdruckgebiete harmlos. Ein sogenanntes Hitzehoch kann im Sommer zu extremer Hitze und Dürre führen, während ein »Kältehoch« im Winter eisige Temperaturen und trockene Kälte bringen kann.

Ob ein Hoch oder ein Tief bedrohlicher ist, hängt von den jeweiligen Umständen ab. Bei Tiefdruckgebieten denkt man oft an Stürme, Orkane oder Hurrikane, die mit starken Winden, Regen und manchmal verheerenden Wetterereignissen einhergehen. Doch auch Hochdruckgebiete können gefährlich sein, besonders wenn sie über längere Zeit bestehen und extreme Hitze, Trockenheit oder Kälte verursachen. Ein Hochdruckgebiet kann zum Beispiel Hitzewellen mit sich bringen, die vor allem in städtischen Gebieten schwerwiegende Konsequenzen haben können, da die Temperaturen nicht nur tagsüber, sondern auch nachts sehr hoch bleiben. Kältehochs wiederum können für sehr niedrige Temperaturen verantwortlich sein, die in Kombination mit starkem Frost und wenig Niederschlag ebenfalls Risiken bergen.

Hoch- und Tiefdruckgebiete tauschen sich ständig aus, da die Luft von einem Hochdruckgebiet zum benachbarten Tiefdruckgebiet strömt. Dieser Luftaustausch sorgt für den Wind. Durch diesen ständigen Ausgleich bleiben Hochs und Tiefs im Gleichgewicht, doch ihre Position und Intensität verändern sich durch die Rotation der Erde und die globalen Windströmungen. Diese ständige Bewegung bestimmt das wechselhafte Wetter, das wir erleben.

In Deutschland bekommen Hoch- und Tiefdruckgebiete seit 1954 Namen, eine Idee der Meteorologin Karla Wege von der Freien Universität Berlin. Ihr Ziel war es, Wetterlagen durch die Vergabe von Namen anschaulicher zu machen, vor allem für die Wettervorhersage in den Medien. Diese Tradition hat sich bis heute gehalten und jedes Hoch und Tief, das das Wetter in Mitteleuropa beeinflusst, wird mit einem Namen versehen. Seit 2002 kann jeder über das »Wetterpaten«-Programm Pate für ein Hoch- oder Tiefdruckgebiet werden und so einen Namen auswählen. Um selbst einen Namen zu vergeben, muss man eine Spende an das Institut für Meteorologie der Freien Universität Berlin leisten. Ein Hoch kostet etwa 390 Euro, ein Tief etwa 260 Euro (Stand: Oktober 2024). Das gesammelte Geld fließt in die Finanzierung der meteorologischen Forschung.

Im Ausland werden Hochs und Tiefs nicht so regelmäßig benannt wie in Deutschland. Dort bekommen oft nur besonders gefährliche Wetterereignisse wie Hurrikane, Tropenstürme oder Wirbelstürme Namen. In den USA und der Karibik werden Hurrikane nach festen Namenslisten benannt, die von der Weltorganisation für Meteorologie (WMO) verwaltet werden. Männliche und weibliche Namen wechseln sich ab und werden alle sechs Jahre wiederverwendet. Wenn ein Hurrikan besonders verheerend ist, wird sein Name von der Liste gestrichen und durch einen neuen ersetzt, um Verwechslungen in der Zukunft zu vermeiden. Bekannte Beispiele sind Hurrikane wie »Katrina« oder »Sandy«, deren Namen aufgrund der starken Zerstörungen, die sie verursacht haben, dauerhaft aus dem Namenspool entfernt wurden.

Zusammenfassend lässt sich sagen, dass Hoch- und Tiefdruckgebiete grundlegende Elemente des Wetters sind, die unser tägliches Leben stark beeinflussen. Ein Hoch bringt meist sonniges und ruhiges Wetter, ein Tief häufig Regen und Wind. Beide Wetterphänomene können gefährlich werden, insbesondere wenn sie extreme Hitze, Kälte oder Stürme verursachen.

Der Regenbogen – farbenprächtiges Schauspiel mit nur zwei Komponenten

Ein Regenbogen entsteht durch das Zusammenspiel von Licht und Wasser. Genauer gesagt, tritt er auf, wenn Sonnenlicht auf Regentropfen trifft. Die Wassertropfen wirken dabei wie kleine Prismen. Wenn das Licht in den Tropfen eintritt, wird es gebrochen, dann im Tropfen reflektiert und schließlich erneut gebrochen, wenn es den Tropfen verlässt. Dadurch wird das Licht in seine einzelnen Farben zerlegt, was wir als Regenbogen sehen.

Für uns sichtbar ist der Regenbogen, wenn wir mit dem Rücken zur Sonne stehen und vor uns Regen fällt oder zumindest noch Feuchtigkeit in der Luft vorhanden ist, wie bei einem leichten Nieselregen. Das Sonnenlicht muss also im richtigen Winkel auf die Regentropfen treffen. Ideal ist dabei ein Winkel von etwa 42 Grad. Daher kann man einen Regenbogen nur sehen, wenn die Sonne relativ tief am Himmel steht, was in den frühen Morgenstunden oder am späten Nachmittag der Fall ist. Mittags, wenn die Sonne hoch am Himmel steht, ist die Wahrscheinlichkeit, einen Regenbogen zu sehen, eher gering.

Wie lange man einen Regenbogen sehen kann, hängt von verschiedenen Faktoren ab. Solange die Sonne scheint und es gleichzeitig regnet oder die Luft feucht ist, bleibt der Regenbogen bestehen. Wenn sich die Wetterbedingungen ändern, zum Beispiel der Regen aufhört oder die Sonne hinter einer Wolke verschwindet, verschwindet auch der Regenbogen. Meistens ist er nur für wenige Minuten sichtbar, aber unter idealen Bedingungen kann er auch länger zu sehen sein.

Ein besonderes Phänomen ist der doppelte Regenbogen. Dabei sieht man zwei Regenbögen übereinander. Der äußere, schwächere Regenbogen entsteht durch eine zweite Reflexion des Lichts im Regentropfen und zeigt die Farben in umgekehrter Reihenfolge. Der innere Bogen ist immer heller und zeigt die Farben in der normalen Reihenfolge, also von Rot außen bis Violett innen.

Es gibt verschiedene Arten von Regenbögen. Neben dem einfachen und dem doppelten Regenbogen gibt es auch den sogenannten Nebelbogen, der entsteht, wenn das Licht auf sehr feine Wassertropfen trifft, wie sie in Nebel vorkommen. Diese Bögen sind meistens weiß, weil die Wassertropfen so klein sind, dass sie das Licht nicht vollständig in Farben aufspalten können. Außerdem gibt es Regenbögen, die bei Mondlicht entstehen, sogenannte Mondbögen. Diese sind oft schwer zu sehen, da Mondlicht viel schwächer ist als Sonnenlicht. Mondbögen erscheinen daher oft sehr blass.

Interessant ist, dass Regenbögen auf der ganzen Welt gleich entstehen, egal ob in den Tropen oder in den Polarregionen. Allerdings sehen sie nicht überall gleich aus. In Regionen mit sehr starker Sonneneinstrahlung, wie in den Tropen, können die Farben des Regenbogens besonders kräftig sein, während er in kälteren oder weniger sonnigen Gegenden blasser wirkt. Außerdem hängt die Größe des Regenbogens vom Sonnenstand ab: Je tiefer die Sonne steht, desto größer erscheint der Bogen.

Die Gezeiten

Die Gezeiten – also Ebbe und Flut – lassen das Wasser der Meere regelmäßig steigen und fallen. Die Gezeiten werden vor allem durch die Anziehungskraft des Mondes verursacht. Der Mond übt eine Gravitationskraft auf die Erde aus, die das Wasser in den Meeren leicht anzieht. Da der Mond der Erde relativ nahe ist, wirkt seine Kraft besonders stark auf die Wassermassen der Ozeane. Diese Anziehung sorgt dafür, dass das Wasser auf der mondzugewandten Seite der Erde einen »Wasserberg« bildet – das ist die Flut. Doch es gibt noch eine zweite Flutwelle auf der gegenüberliegenden Seite der Erde, die durch die Fliehkraft der Erdrotation entsteht. Diese Fliehkraft zieht das Wasser dort ebenfalls leicht nach außen.

Während die Erde sich dreht und der Mond um die Erde kreist, wandern diese »Wasserberge« rund um die Erde. Da die Anziehungskraft des Mondes nicht überall gleich stark ist, entstehen an manchen Küsten starke Gezeitenunterschiede, während es an anderen Orten fast gar keine Gezeiten gibt.

Neben dem Mond hat auch die Sonne einen Einfluss auf Ebbe und Flut, obwohl sie viel weiter entfernt ist. Wenn Sonne, Mond und Erde in einer Linie stehen – bei Vollmond oder Neumond –, verstärken sich die Anziehungskräfte, und die Gezeiten sind besonders stark. Das nennt man Springtide. Stehen die Himmelskörper in einem rechten Winkel zueinander, schwächen sich die Kräfte ab und die Gezeiten fallen schwächer aus. Dies nennt man Nipptide.

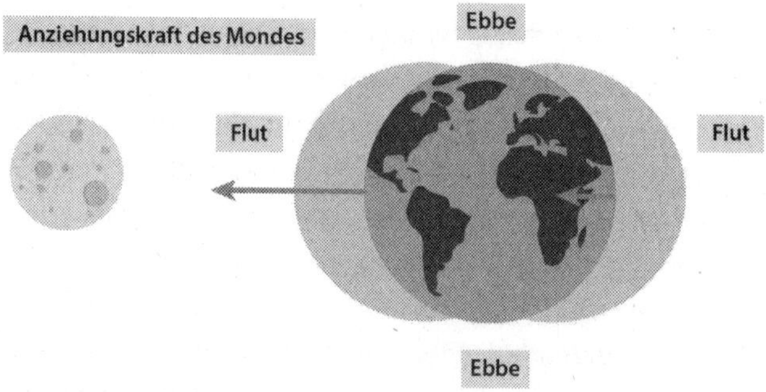

Die Sonnenfinsternis – kein alltägliches Phänomen

Eine Sonnenfinsternis ist eines dieser beeindruckenden Naturphänomene, die Menschen seit Jahrhunderten faszinieren. Aber was passiert dabei eigentlich genau? Bei einer Sonnenfinsternis schiebt sich der Mond zwischen die Erde und die Sonne. Das bedeutet, dass wir auf der Erde die Sonne teilweise oder vollständig nicht mehr sehen können. Je nachdem, wie exakt der Mond die Sonne verdeckt, unterscheidet man zwischen totalen, partiellen und ringförmigen Sonnenfinsternissen. Der Mond ist zwar viel kleiner als die Sonne, durch seine Nähe zur Erde kann er sie aber dennoch vollständig oder teilweise verdecken. Sonnenfinsternisse treten nur dann auf, wenn der Mond in seiner Umlaufbahn genau in einer Linie mit der Sonne und der Erde steht, was nur bei Neumond der Fall ist. Doch obwohl es jeden Monat einen Neumond gibt, kommt eine Sonnenfinsternis selten vor. Das liegt daran, dass die Umlaufbahn des Mondes um die Erde leicht geneigt ist, sodass der Mond meist oberhalb oder unterhalb der Sonnenscheibe vorbeizieht, ohne sie zu verdecken.

Bei einer totalen Sonnenfinsternis steht der Mond genau so vor der Sonne, dass er sie vollständig verdeckt. Für einen kurzen Moment wird es mitten am Tag dunkel, fast so, als ob es Nacht wäre. Sogar die Temperatur kann merklich sinken und Tiere verhalten sich oft so, als ob es Abend geworden wäre. Während der totalen Finsternis sieht man die Korona der Sonne – das ist ihre äußere Atmosphäre, die normalerweise vom grellen Licht überstrahlt wird. Totale Sonnenfinsternisse sind selten, da die Schattenspur des Mondes recht schmal ist.

Partielle Sonnenfinsternisse hingegen sind häufiger. Hier bedeckt der Mond nur einen Teil der Sonne, sodass sie aussieht, als ob ein Stück fehlen würde. Obwohl es bei partiellen Sonnenfinsternissen nicht so dunkel wird wie bei einer totalen, sind sie faszinierend zu beobachten.

Daneben gibt es noch ringförmige Sonnenfinsternisse, bei denen der Mond die Sonne nicht vollständig bedecken kann und ein heller Ring, die sogenannte Feuerkrone, um den Mond sichtbar bleibt.

Wann war die letzte totale Sonnenfinsternis in Deutschland? Vielleicht erinnerst du dich an den 11. August 1999. Das war ein großes Ereignis und viele Menschen haben sich extra dafür Schutzbrillen besorgt und sind in die Regionen gereist, in denen die Finsternis am besten zu beobachten war. Es war die letzte totale Sonnenfinsternis, die in Deutschland zu sehen war – und sie wird uns noch lange in Erinnerung bleiben müssen. Denn die nächsten totalen Sonnenfinsternisse in Deutschland werden erst am 3. September 2081, am 7. Oktober 2135 und am 16. Oktober 2179 stattfinden. Ja, das dauert noch eine Weile, aber es gibt gute Nachrichten: Sonnenfinsternisse lassen sich genau vorausberechnen, da sie auf der regelmäßigen Bewegung von Sonne, Mond und Erde beruhen. Fans dieser Himmelsereignisse könnten sie sich also an einem anderen Ort der Welt anschauen. Und in Deutschland gibt es immer wieder partielle Sonnenfinsternisse, die wir genießen können.

Nun fragst du dich vielleicht, ob es gefährlich ist, eine Sonnenfinsternis zu beobachten. Hier ist die wichtigste Regel: Schau niemals ohne Schutz direkt in die Sonne, auch nicht bei einer partiellen oder totalen Sonnenfinsternis! Deine Augen können dabei ernsthaft beschädigt werden, und das passiert schneller, als man denkt. Während einer Finsternis blendet das Sonnenlicht weniger stark und du könntest versucht sein, ohne Schutz hinzuschauen. Doch die UV-Strahlung bleibt genauso intensiv und kann die Netzhaut dauerhaft schädigen, bis zur Erblindung. Deshalb sollte man immer eine spezielle Sonnenfinsternis-Brille tragen. Normale Sonnenbrillen reichen hier nicht aus, sie schützen nicht genügend. Auch eine Kamera oder ein Fernglas sollte man nicht ohne entsprechenden Schutz verwenden, da das Sonnenlicht gebündelt wird und ebenfalls zu schweren Schäden führen kann. Eine sichere Möglichkeit ist es auch, das Phänomen indirekt zu beobachten, zum Beispiel durch eine Lochkamera oder auf einem Livestream im Internet. Aber nichts geht über das echte Erlebnis im Freien – solange man gut vorbereitet ist!

Eine Sonnenfinsternis ist ein faszinierendes Phänomen. Es lohnt sich also, ab und zu mal den Blick nach oben zu richten.

Mondfinsternis und Blutmond

Eine Mondfinsternis tritt auf, wenn die Erde zwischen Sonne und Mond steht und der Mond dadurch in den Schatten der Erde gerät. Es gibt zwei Arten von Mondfinsternissen: die totale und die partielle. Bei einer totalen Mondfinsternis bewegt sich der gesamte Mond durch den Kernschatten der Erde, wodurch er für einige Zeit vollständig verdunkelt wird. In diesem Moment leuchtet der Mond oft rötlich, was als »Blutmond« bezeichnet wird. Diese Farbe entsteht, weil das Sonnenlicht in der Erdatmosphäre gestreut wird und vor allem der rote Anteil des Lichts in den Erdschatten fällt. Bei einer partiellen Mondfinsternis hingegen tritt nur ein Teil des Mondes in den Kernschatten der Erde, während der restliche Mond weiter von der Sonne angestrahlt wird und sichtbar bleibt.

Mondphasen entstehen durch die Bewegung des Mondes um die Erde und die Position der Sonne. Es gibt vier Hauptphasen: Neumond, zunehmender Halbmond, Vollmond und abnehmender Halbmond. Bei Neumond steht der Mond zwischen der Erde und der Sonne und seine beleuchtete Seite ist von der Erde aus nicht sichtbar. In der Phase des zunehmenden Halbmonds wird ein immer größerer Teil des Mondes von der Sonne beleuchtet, bis er bei Vollmond vollständig zu sehen ist. Danach beginnt der Mond abzunehmen und ein immer kleinerer Teil wird sichtbar, bis schließlich wieder Neumond eintritt.

Ein besonderes Phänomen, das manchmal mit einer Mondfinsternis verwechselt wird, ist der »Supermond«. Ein Supermond tritt auf, wenn der Vollmond oder Neumond sich in der Nähe des Perigäums befindet, dem Punkt in seiner Umlaufbahn, der der Erde am nächsten ist. Da der Mond auf einer elliptischen Bahn um die Erde kreist, ist er manchmal näher und manchmal weiter entfernt. Während eines Supermonds erscheint der Mond etwa 14 Prozent größer und 30 Prozent heller als gewöhnlich. Allerdings verändert sich der Mond nicht wirklich – er wirkt nur größer aufgrund seiner geringeren Entfernung zur Erde.

Die nächste Mondfinsternis in Deutschland wird am 28. September 2025 zu sehen sein. Es handelt sich um eine partielle Mondfinsternis, bei der nur ein Teil des Mondes verdunkelt wird. Die letzte totale Mondfinsternis, die in Deutschland sichtbar war, ereignete sich im Jahr 2019. Totale Mondfinsternisse sind seltener als partielle und bieten ein besonders eindrucksvolles Schauspiel, wenn der Mond in einem rötlichen Licht erscheint.

Schnee – ein zunehmend seltenes Idyll

Schnee entsteht, wenn bestimmte Wetterbedingungen in der Atmosphäre zusammentreffen. Für die Bildung von Schnee muss die Temperatur in den Wolken und in Bodennähe unter dem Gefrierpunkt liegen, also unter 0 °C. In den Wolken befinden sich kleine Wassertropfen, die bei ausreichend niedrigen Temperaturen gefrieren und zu winzigen Eiskristallen werden. Diese Eiskristalle verbinden sich mit weiteren Wassertröpfchen und wachsen zu

Schneeflocken heran. Sobald sie schwer genug sind, fallen sie als Schnee zu Boden.

Ob der Schnee liegen bleibt oder schnell schmilzt, hängt von verschiedenen Faktoren ab. Eine wichtige Rolle spielt die Bodentemperatur. Wenn der Boden noch relativ warm ist, beispielsweise weil es zuvor mild war, kann der Schnee schmelzen, sobald er den Boden erreicht. Es dauert dann eine Weile, bis der Boden abkühlt und der Schnee dauerhaft liegen bleibt. Wenn die Temperaturen hingegen schon längere Zeit niedrig sind, bleibt der Schnee in der Regel direkt liegen, da der Boden ebenfalls gefroren ist und der Schnee nicht sofort schmilzt. Auch die Luftfeuchtigkeit und die Intensität des Schneefalls beeinflussen, wie schnell der Schnee liegen bleibt. Fällt viel Schnee auf einmal, ist es wahrscheinlicher, dass er eine Schneedecke bildet, selbst wenn der Boden noch etwas wärmer ist.

In den letzten Jahrzehnten hat die Zahl der Schneedeckentage in Deutschland abgenommen. Schneedeckentage bezeichnen die Anzahl der Tage, an denen der Schnee eine geschlossene Decke auf dem Boden bildet. Früher waren Schneewinter mit vielen Tagen Schnee relativ normal, besonders in höheren Lagen und im Süden des Landes. Doch in den letzten Jahrzehnten sind milde Winter in Deutschland häufiger geworden, insbesondere in den tieferen Lagen. Laut Klimaforschern liegt dies an der allgemeinen Erwärmung des Klimas, die dazu führt, dass die Wintertemperaturen insgesamt steigen und die Bedingungen für Schnee seltener vorliegen. Besonders in den tieferen Regionen Deutschlands ist der Rückgang der Schneetage spürbar.

Die Erwärmung der Atmosphäre durch den Klimawandel verändert das typische Wettergeschehen. Zwar kann es auch in einer wärmer werdenden Welt immer wieder zu Kälteeinbrüchen und Schneefällen kommen, doch die langfristige Tendenz zeigt, dass die Winter insgesamt wärmer werden. Dadurch fällt weniger Schnee und er bleibt seltener liegen. In höheren Gebirgslagen, etwa in den Alpen, ist dieser Rückgang ebenfalls zu beobachten, allerdings in geringerem Maße, da die Temperaturen dort in der Regel niedriger sind. Doch auch hier warnen Experten, dass die Zahl der Schneetage langfristig weiter abnehmen könnte, wenn die Erderwärmung weiter voranschreitet.

Die physikalische Entstehung einer Schneeflocke ist ein faszinierender Prozess. Wenn ein Wassertropfen in der Wolke gefriert, bildet er einen kleinen Eiskern. An diesem Kern lagern sich dann weitere Wassermoleküle an, die ebenfalls gefrieren. Da Wassermoleküle beim Gefrieren eine sechseckige Struktur bilden, wächst die Schneeflocke in einer symmetrischen, hexagonalen Form. Dieser Prozess wird als Kristallisation bezeichnet. Während die Schneeflocke durch die Wolke fällt, verändert sie sich ständig, je nachdem, welche Temperatur- und Feuchtigkeitsbedingungen herrschen. Das führt dazu, dass keine zwei Schneeflocken genau gleich aussehen, auch wenn sie alle die gleiche Grundstruktur haben.

Gefühlte Temperatur und Windchill

Der Begriff »gefühlte Temperatur« beschreibt, wie warm oder kalt sich die Umgebung subjektiv für uns anfühlt – und das kann sich deutlich von der tatsächlichen Lufttemperatur unterscheiden. Einer der wichtigsten Faktoren, der die gefühlte Temperatur beeinflusst, ist der sogenannte Windchill-Effekt. (Das englische Nomen *chill* bedeutet »Kühle« oder »Kältegefühl«.)

Windchill bezieht sich auf den Kühleffekt des Windes auf unseren Körper, besonders bei niedrigen Temperaturen. Wenn es draußen kalt ist und der Wind stark weht, fühlt es sich deutlich kälter an, als das Thermometer anzeigt. Das liegt daran, dass der Wind die isolierende Schicht warmer Luft, die unseren Körper umgibt, wegbläst. Dadurch kühlt die Haut schneller ab und es entsteht der Eindruck, es sei kälter, als es objektiv der Fall ist.

Ein Beispiel: Wenn es draußen 0 °C kalt ist und kein Wind weht, fühlt es sich auch wie 0 °C an. Weht dagegen ein starker Wind von etwa 20 km/h, kann sich die Umgebung für den Körper wie –10 °C anfühlen. Der Windchill-Faktor gibt also an, wie stark der Wind die Temperatur für uns kälter erscheinen lässt.

Bei der gefühlten Temperatur spielt aber nicht nur der Wind eine Rolle. Auch die Luftfeuchtigkeit oder die Sonneneinstrahlung beeinflussen, wie wir die Temperatur empfinden. So kann es an einem sonnigen Wintertag bei –5 °C in der Sonne angenehm warm sein, während wir die Kälte im Schatten deutlich stärker spüren.

Wetterregeln und -mythen

Die Siebenschläferregel - sieben Wochen lang das gleiche Wetter?

Die sogenannte Siebenschläferregel besagt, dass das Wetter um den 27. Juni jenes der darauffolgenden sieben Wochen bestimmt. Doch was steckt dahinter und ist diese Regel tatsächlich verlässlich?

Die Wetteregel geht auf eine alte Legende zurück. Sie bezieht sich auf sieben junge Christen, die im Jahr 251 in einer Höhle Zuflucht vor religiöser Verfolgung suchten und dort eingemauert wurden. Der Legende nach erwachten sie erst nach über 200 Jahren wieder – genau am 27. Juni. In Erinnerung daran wurde der Siebenschläfertag in den Kalender aufgenommen.

Meteorologisch gesehen bezieht sich die Regel jedoch nicht direkt auf den 27. Juni, sondern auf den Zeitraum um den 7. Juli. Dies liegt daran, dass sich das Datum durch die Einführung des gregorianischen Kalenders verschoben hat. Entscheidend ist also das Wetter in der ersten Juliwoche.

Die Siebenschläferregel besagt, dass das Wetter in dieser Zeit das Wetter für den restlichen Sommer prägen kann. Das bedeutet: Ist es in dieser Phase sonnig, folgt oft ein beständiger Sommer. Ist es hingegen regnerisch, bleibt das Wetter eher wechselhaft. Tatsächlich gibt es meteorologische Erklärungen dafür. Zu dieser Jahreszeit bilden sich stabile Hoch- oder Tiefdruckgebiete, die sich nur langsam bewegen und dadurch das Wetter wochenlang bestimmen können.

Allerdings trifft die Siebenschläferregel nicht überall gleich gut zu. In Süddeutschland, besonders in Bayern und Baden-Württemberg, hat die Regel eine relativ hohe Trefferquote. Hier kann das Wetter Anfang Juli tatsächlich ein Hinweis auf den Sommerverlauf sein. Im Norden Deutschlands hingegen ist die Regel weniger verlässlich. Die Wetterverhältnisse dort werden stärker vom Atlantik beeinflusst, was zu häufigeren Wetterwechseln führt.

Die Siebenschläferregel hat also einen wahren Kern, vor allem im Süden Deutschlands. Allerdings ist das Wettergeschehen komplexer, als es die Regel vermuten lässt, und es gibt keine Garantie für sieben Wochen gleiches Wetter.

Altweibersommer – was hat Wetter mit älteren Damen zu tun?

Die warmen und sonnigen Tage im Frühherbst werden oft mit »Altweibersommer« beschrieben. Doch was hat es mit diesem Phänomen auf sich und woher kommt der Name?

Der Altweibersommer bezeichnet eine Wetterlage, die meist im September und Oktober auftritt. Nach den ersten kühlen Tagen des Herbstes gibt es häufig noch eine spätsommerliche Phase mit hohen Temperaturen, klarem Himmel und viel Sonne. Es handelt sich dabei um eine stabile Hochdrucklage mit trockener Luft, die einige Tage oder sogar Wochen anhält. Die Nächte sind dabei überwiegend kühl und klar, während tagsüber angenehme Temperaturen herrschen.

Aber woher kommt der Name »Altweibersommer«? Tatsächlich hat der Begriff nichts mit alten Frauen zu tun. Der Ursprung des Wortes geht auf das mittelhochdeutsche Wort »weiben« zurück, was »weben« bedeutet. Es bezieht sich auf die feinen Spinnweben, die in dieser Zeit des Jahres häufig in der Luft zu sehen sind. Diese Spinnfäden werden von jungen Spinnen produziert, die sie an warmen, windstillen Tagen durch die Luft tragen. Die glänzenden Fäden erinnern an silbernes Haar, was wohl zur Namensgebung des Altweibersommers beigetragen hat. In anderen Ländern gibt es ähnliche Begriffe: In den USA spricht man zum Beispiel vom »Indian Summer«, der sich jedoch eher auf den Spätherbst bezieht und durch bunte Laubfärbungen charakterisiert ist.

Ob der Altweibersommer jedes Jahr kommt, ist jedoch nicht garantiert. Es hängt davon ab, ob sich im Frühherbst eine stabile Hochdrucklage bildet. In vielen Jahren dürfen wir uns aber tatsächlich über einige warme Tage freuen, bevor der richtige Herbst mit Regen und kühleren Temperaturen beginnt.

Es handelt sich beim Altweibersommer um ein beliebtes Phänomen, das den Übergang vom Sommer in den Herbst versüßt. Viele Menschen genießen die letzten warmen Tage im Freien, sei es bei Spaziergängen, auf dem Balkon oder bei anderen Aktivitäten in der Natur. Das Licht ist oft weicher, die Luft klarer und es gibt diese besondere Stimmung, die den Altweibersommer so angenehm macht.

Die »2-Grad-Regel« – steuert der September unseren Winter?

Die sogenannte 2-Grad-Regel besagt, dass der Winter zu warm ausfallen wird, wenn auch der September im Vergleich zum langjährigen Mittel um mindestens 2 °C milder ist. Doch stimmt das? Hat diese Regel tatsächlich eine wissenschaftliche Grundlage?

Zunächst einmal: Diese Regel klingt zwar interessant, doch sie ist eher als eine Art Bauernregel zu verstehen und hat keinen soliden wissenschaftlichen Hintergrund. Die 2-Grad-Regel basiert auf der Beobachtung, dass in manchen Jahren ein besonders warmer September auch einen milden Winter zur Folge hatte. Aber das ist mehr Zufall als ein verlässliches Muster. Studierte Meteorologen würden sich auf so eine einfache Regel nicht verlassen, um den Winter vorherzusagen.

Wetter und Klima sind hochkomplexe Systeme, die von vielen Faktoren beeinflusst werden. Ein einzelner Monat wie der September gibt nicht genug Informationen, um das Wetter für die folgenden Monate zuverlässig vorherzusagen. Faktoren wie die Meeresströmungen, Luftdrucksysteme und globale Klimaphänomene wie El Niño oder La Niña spielen eine viel größere Rolle bei der Entstehung von Wetterbedingungen. Auf einen warmen September kann also durchaus ein kalter Winter folgen – oder auf einen kalten September ein warmer Winter.

Wissenschaftler und Meteorologen arbeiten mit komplizierten Modellen und umfangreichen Datensätzen, um das Wetter über längere Zeiträume vorherzusagen. Diese Modelle berücksichtigen viele verschiedene Einflüsse, und keine seriöse Vorhersage stützt sich nur auf die Temperatur eines einzelnen Monats. Die 2-Grad-Regel ist daher eher als Bauernregel aufzufassen, die vielleicht manchmal zutrifft, aber keine verlässliche Methode zur Prognose des Winters darstellt.

Abendrot, Schönwetterbot, Morgenrot, schlecht Wetter droht

»Abendrot, Schönwetterbot – Morgenrot, schlecht Wetter droht« ist eine alte Bauernregel, die du vielleicht schon mal gehört hast. Aber wie viel Wahrheit steckt dahinter? Überraschenderweise gar nicht so wenig, denn diese Weisheit hat eine meteorologische Grundlage.

Wenn wir ein kräftiges Abendrot sehen, steht die Sonne tief im Westen und beleuchtet die Wolken. Für ein intensives Abendrot braucht es eine klare Atmosphäre, besonders im Westen, woher bei uns oft das Wetter kommt. Das bedeutet also: Wenn es am Abend klar ist, können wir auf gutes Wetter hoffen, da die kommende Wetterfront höchstwahrscheinlich ebenfalls wolkenarm ist. Das passt also – »Schönwetterbot« ist keine Übertreibung.

Morgenrot hingegen bedeutet, dass die Sonne im Osten steht und die Wolken bereits rot anstrahlt. Wenn diese Wolken so früh am Morgen sichtbar sind, können sie ein Zeichen dafür sein, dass eine Schlechtwetterfront im Anmarsch ist. Auch das hat eine logische Grundlage: Morgenwolken deuten oft auf Feuchtigkeit und bevorstehende Niederschläge hin. Daher ist es nicht unwahrscheinlich, dass der Teil des Sprichworts »schlecht Wetter droht« tatsächlich zutrifft.

Zwar kann das Wetter natürlich immer überraschen. Oft geben uns Abend- und Morgenrot folglich aber erste Hinweise darauf, ob wir mit Sonnenschein oder Regen rechnen können.

Mittagshitze – ist es wirklich zur Mittagszeit am wärmsten?

Der Begriff »Mittagshitze« impliziert, als wäre es genau um die Mittagszeit am heißesten, aber das ist nicht ganz richtig. Viele Menschen verwenden das Wort trotzdem, weil es sich so eingebürgert hat und weil die Sonne um die Mittagszeit am höchsten steht. Doch wenn man genau hinschaut, merkt man, dass es tatsächlich erst ein bisschen später am Tag richtig heiß wird – und dazu gibt es eine interessante Erklärung.

Die Sonne erreicht ihren höchsten Punkt am Himmel etwa um 12 Uhr mittags, je nach geografischer Lage und Jahreszeit auch ein wenig früher oder später. Das bedeutet, dass zu dieser Zeit die Sonnenstrahlen direkt auf die Erde treffen und die stärkste Energie liefern. Man könnte also denken, dass es dann auch am heißesten sein müsste. Doch die Lufttemperatur hat zu dieser Zeit oft noch nicht das Maximum erreicht. Ursache dafür ist ein Phänomen, das man mit dem Heizen eines Backofens vergleichen kann.

Stell dir vor, du stellst einen Backofen an und drehst ihn auf eine bestimmte Temperatur. Es dauert eine Weile, bis der Ofen tatsächlich heiß wird, auch wenn du ihn schon auf volle Hitze gestellt hast. Ähnlich funktioniert das mit der Atmosphäre und der Sonne. Die Sonnenstrahlen treffen zwar schon um die Mittagszeit sehr stark auf die Erdoberfläche, aber es dauert ein bisschen, bis sich die Luft dadurch richtig erwärmt.

Zwischen der Erdoberfläche und der Luft findet ein ständiger Austausch von Wärme statt. Die Sonnenstrahlen erwärmen zuerst den Boden, und dieser gibt die Wärme nach und nach an die Luft darüber ab. Das braucht aber Zeit. Deshalb steigt die Temperatur nach dem höchsten Stand der Sonne weiter an. Es ist also so, dass die Sonne um die Mittagszeit am stärksten scheint, aber die volle Wirkung der Sonnenstrahlen spüren wir erst später, etwa zwischen 14 und 16 Uhr, je nach Region und Wetterbedingungen. In diesen Nachmittagsstunden ist die Hitze meistens am größten.

Im Sommer wird dieser Effekt besonders deutlich, weil die Sonne länger am Himmel steht und mehr Energie auf die Erde einstrahlen kann. Die Tage sind länger und die Erde hat mehr Zeit, sich aufzuheizen. Der Boden speichert über den Tag hinweg Wärme und gibt sie kontinuierlich an die Luft ab. Deswegen fühlt sich die Luft am Nachmittag oft viel heißer an als zur Mittagszeit, obwohl die Sonne zu diesem Zeitpunkt schon wieder tiefer am Himmel steht. Die Erdoberfläche hat sich bis dahin richtig aufgeheizt und die Umgebungstemperatur erreicht ihren Höhepunkt.

Außerdem spielt der Wind eine Rolle. Morgens und zur Mittagszeit gibt es oft noch eine leichte Brise, die die Luft etwas abkühlt. Später am Tag flaut der Wind oft ab, und das trägt zusätzlich dazu bei, dass es heißer wird.

Gewitter – allen Bäumen sollst du weichen!

Wenn ein Unwetter im Anmarsch ist, stellt sich oft die Frage: Wie verhalte ich mich am besten? Egal ob drinnen oder draußen, es gibt einige Regeln, die du beachten solltest, um sicher zu bleiben. Vor allem bei Gewitter sind Blitze die größte Gefahr – also was tun?

Fangen wir draußen an: Du hast bestimmt schon den Spruch gehört »Eichen sollst du weichen, Buchen sollst du suchen«. Klingt nach einem guten Tipp, oder? Leider ist das ein Mythos. Ob Eiche oder Buche – bei Gewitter solltest du generell Abstand von Bäumen halten! Blitze schlagen in hohe Objekte ein, und Bäume gehören dazu. Wenn du im Freien bist und keinen Schutz in einem Gebäude oder Auto findest, ist es am besten, in die Hocke zu gehen, die Füße eng zusammenzuhalten und den Boden mit möglichst wenig Körperfläche zu berühren. Eine Mulde kann ein sicherer Ort sein, da du dich hier tiefer befindest, aber leg dich nicht flach hin, denn das erhöht die Gefahr, von einem Blitz getroffen zu werden.

Autos sind übrigens ein sicherer Ort bei Gewittern. Sie wirken wie ein Faraday'scher Käfig, das bedeutet, der Blitz wird an der Außenhaut entlanggeleitet und du im Inneren bist geschützt. Vermeide allerdings den Kontakt mit metallischen Teilen des Autos, um ganz sicherzugehen.

Wenn du im Freibad oder Badesee bist und ein Gewitter naht, solltest du sofort aus dem Wasser gehen. Wasser leitet Strom extrem gut und ein Blitzeinschlag in einen See oder ein Schwimmbecken kann tödlich sein. Also schnell raus aus dem Wasser und am besten Schutz in einem festen Gebäude oder Auto suchen.

Aber wie sieht es drinnen aus? Im Haus bist du grundsätzlich sicher, doch es gibt ein paar Dinge, die du beachten solltest. Telefonieren über ein altes Schnurtelefon während eines Gewitters ist keine gute Idee, denn Blitze können in die Telefonleitungen einschlagen. Mit dem Handy telefonieren ist sicher, solange es nicht am Ladegerät hängt. Auch Duschen oder Baden solltest du vermeiden, da Wasserleitungen Strom leiten können. Der Mythos, dass Blitze nur draußen gefährlich sind, stimmt also nicht ganz – auch im Haus gibt es Risiken, die du im Hinterkopf behalten solltest.

Wie sieht es im Flugzeug aus? Keine Sorge, im Flugzeug bist du sicher. Flugzeuge sind so konstruiert, dass sie Blitze ableiten, ohne dass es gefährlich wird. Zwar kann es mal ordentlich rumpeln, wenn ein Blitz in ein Flugzeug einschlägt, aber das ist kein Grund zur Panik. Die Elektronik und die Struktur des Flugzeugs sind darauf ausgelegt, Blitzeinschläge sicher zu verkraften.

Es gibt viele Mythen rund um Gewitter. Einer der bekanntesten ist, dass Gummistiefel oder Gummisohlen dich vor Blitzeinschlägen schützen könnten. Das stimmt leider nicht – Gummi schützt nur in sehr speziellen Fällen, aber nicht bei einem direkten Blitzeinschlag. Ein weiterer Mythos ist, dass Blitze nie zweimal an derselben Stelle einschlagen. Auch das ist falsch: Blitze schlagen durchaus mehrmals an derselben Stelle ein, besonders an hohen Gebäuden, Bergen oder Türmen.

Und noch ein weiterer Tipp: Halte dich bei Gewitter von Wasser, offenen Feldern, Metallzäunen und Fahrrad- oder Motorradlenkern fern. All diese Dinge leiten Strom und erhöhen das Risiko, von einem Blitz getroffen zu werden. Mit dem richtigen Verhalten kannst du die Gefahr deutlich verringern und das Gewitter sicher überstehen.

Das Biowetter – kann das Wetter uns wirklich krankmachen?

Das sogenannte Biowetter – ein Begriff, der regelmäßig in Wetterberichten auftaucht und verspricht, die Auswirkungen des Wetters auf die Gesundheit zu erklären – sorgt immer wieder für Diskussionen. Aber ist das wirklich seriöse Wissenschaft oder eher eine Mischung aus Aberglaube und Hokuspokus? Kann das Wetter uns tatsächlich krank machen oder betrifft das nur Menschen mit bereits bestehenden gesundheitlichen Problemen? Wie sieht die Medizin das Thema? Zeit, einen genaueren Blick darauf zu werfen.

Grundsätzlich ist es nicht völlig abwegig zu denken, dass das Wetter den Menschen beeinträchtigen kann. Schließlich hat es Einfluss auf viele Aspekte unseres täglichen Lebens: Bei Hitze schwitzen wir, bei Kälte zittern wir und an grauen, regnerischen Tagen fühlen sich viele von uns weniger energiegeladen. Doch wie weit geht diese Wirkung? Das Biowetter versucht, genau solche Zusammenhänge zwischen Wetterphänomenen und menschlichem Wohlbefinden herzustellen. In Wetterberichten liest man dann oft Sätze wie »Rheumapatienten spüren heute verstärkt Gelenkschmerzen« oder »Kopfschmerzen aufgrund des Föhns«. Aber ist das medizinisch fundiert?

Die Idee hinter dem Biowetter basiert darauf, dass Wetterveränderungen, wie etwa Luftdruckschwankungen, Temperaturunterschiede oder Feuchtigkeit, bestimmte Beschwerden verstärken oder sogar auslösen können. Besonders Menschen mit chronischen Krankheiten wie Rheuma, Migräne oder Herz-Kreislauf-Erkrankungen sollen davon betroffen sein. Diese Wetterempfindlichkeit ist wissenschaftlich nicht völlig aus der Luft gegriffen. Studien zeigen, dass es tatsächlich einige Menschen gibt, die auf Wetterwechsel empfindlich reagieren. Zum Beispiel können plötzliche Kälte oder starke Luftdruckschwankungen dazu führen, dass Gelenkschmerzen bei Rheumapatienten zunehmen oder dass Migräneattacken häufiger auftreten.

Auch der sogenannte Föhnwind, der in einigen Regionen, besonders in den Alpen, auftritt, wird oft mit verstärkten Kopfschmerzen und allgemeinem Unwohlsein in Verbindung gebracht. Hier gibt es tatsächlich wissenschaftliche Hinweise darauf, dass dieser trockene, warme Wind das Wohlbefinden bei einigen Menschen negativ beeinflussen kann, indem er den Blutdruck verändert oder Kopfschmerzen auslöst. Der Einfluss von Wetter auf den Blutdruck ist ebenfalls in der Forschung belegt – vor allem ältere Menschen und Herzkranke sind hier besonders anfällig.

Trotz dieser Beobachtungen gibt es in der wissenschaftlichen Gemeinschaft aber auch Skepsis gegenüber dem Biowetter. Der Grund ist einfach: Die Effekte des Wetters auf den Menschen sind sehr individuell und lassen sich nur schwer pauschalisieren. Während der eine empfindlich auf Luftdruckschwankungen reagiert, spürt der andere keinerlei Auswirkungen. Zudem sind viele Beschwerden, die dem Wetter zugeschrieben werden, wie Kopfschmerzen oder Müdigkeit, oft auch durch andere Faktoren bedingt – etwa Stress, Schlafmangel oder eine unausgewogene Ernährung.

Die Medizin selbst steht dem Biowetter eher zurückhaltend gegenüber. Es ist zwar bekannt, dass Wetterwechsel bestimmte Beschwerden verstärken können, aber es fehlt an Beweisen, die allgemeingültige Aussagen darüber zulassen, inwieweit das Wetter die Gesundheit beeinflusst. Viele Ärzte raten deshalb dazu, das Thema Wetterempfindlichkeit nicht überzubewerten. Vor allem bei chronischen Erkrankungen raten sie, sich nicht auf das Wetter zu fokussieren, sondern eher auf eine gesunde Lebensweise und eine passende medikamentöse Therapie zu setzen.

Das bedeutet allerdings nicht, dass alle Berichte über Biowetter völlig aus der Luft gegriffen sind. Menschen mit bereits bestehenden Krankheiten können durchaus auf das Wetter reagieren. Eine allgemeingültige Antwort, ob das Wetter uns krank macht, gibt es jedoch nicht. Bei den meisten gesunden Menschen hat das Wetter wohl eher nur einen geringen oder kurzzeitigen Einfluss auf das Wohlbefinden. An besonders heißen oder kalten Tagen kann es zu erhöhter Belastung für den Körper kommen, aber ernsthafte Gesundheitsprobleme treten in der Regel nur bei bereits geschwächten oder kranken Menschen auf.

Was bleibt also vom Biowetter? Es ist sicherlich kein Hokuspokus, da es einige wissenschaftliche Ansätze und Beobachtungen gibt, die zeigen, dass das Wetter Auswirkungen auf bestimmte Beschwerden haben kann. Doch pauschale Aussagen wie »Das Wetter macht krank« sind zu einfach. Jeder Mensch reagiert unterschiedlich und viele Faktoren spielen bei der Wetterempfindlichkeit eine Rolle. Wer gesund und fit ist, muss sich in der Regel keine Sorgen machen, dass das Wetter ihm ernsthaft schadet. Für Menschen mit chronischen Erkrankungen kann es allerdings sinnvoll sein, das Wetter im Auge zu behalten und sich bei extremen Bedingungen entsprechend anzupassen.

Zusammenfassend lässt sich sagen: Biowetter ist keine reine Fantasie, aber auch keine exakte Wissenschaft. Das Wetter kann bestimmte Beschwerden wie Migräne, Gelenkschmerzen oder Kreislaufprobleme verstärken, vor allem bei Menschen, die bereits vorbelastet sind. Für die meisten von uns hat das Wetter jedoch nur einen geringen Einfluss auf das tägliche Wohlbefinden. Wissenschaft und Medizin stehen dem Thema skeptisch gegenüber, da die Effekte oft individuell und schwer messbar sind. Am besten ist es wohl, auf den eigenen Körper zu hören und sich nicht zu sehr von Wettervorhersagen oder Biowetterprognosen beeinflussen zu lassen.

Chemtrails oder doch nur Kondensstreifen?

Wenn man den Himmel betrachtet und die langen, weißen Streifen hinter Flugzeugen sieht, fragt man sich vielleicht, was genau dort passiert. Diese Streifen, die oft als Kondensstreifen bezeichnet werden, entstehen in großer Höhe, wenn Flugzeuge durch die kalte Luft fliegen. Doch obwohl dies ein natürlicher Vorgang ist, glauben manche Menschen, dass mehr dahintersteckt – sie sprechen von sogenannten Chemtrails, durch die angeblich absichtlich Chemikalien in die Atmosphäre eingebracht werden. Doch was hat es wirklich mit diesen Streifen auf sich und warum halten sich solche Theorien?

Kondensstreifen sind physikalisch leicht zu erklären. Flugzeuge fliegen in Höhen von über 8000 Metern, wo die Temperaturen weit unter dem Gefrierpunkt liegen. Die Triebwerke der Flugzeuge stoßen Wasserdampf und Abgase aus, die in dieser extrem kalten Umgebung sofort zu Eiskristallen gefrieren. Diese winzigen Eiskristalle bilden die weißen Streifen, die wir vom Boden aus sehen können. Je nach Luftfeuchtigkeit und Temperatur in der Atmosphäre bleiben die Kondensstreifen entweder eine Weile sichtbar oder lösen sich schnell auf.

Der Grund, warum Kondensstreifen mal länger und mal kürzer am Himmel zu beobachten sind, liegt in den atmosphärischen Bedingungen. Ist die Luft in der Höhe sehr trocken, verdunsten die Eiskristalle rasch und der Streifen verschwindet nach kurzer Zeit. Ist die Luft jedoch feuchter, können die Eiskristalle länger bestehen bleiben und sich manchmal sogar zu größeren Wolkenformationen ausbreiten. Die Ursache ist also rein natürlich.

Warum aber sprechen einige Menschen von »Chemtrails«? Der Begriff stammt aus Verschwörungstheorien, die behaupten, dass Regierungen oder andere Institutionen gezielt Chemikalien in die Atmosphäre ausbringen, um die Bevölkerung zu kontrollieren, das Klima zu manipulieren oder andere geheime Ziele zu verfolgen. Diese Theorien gewannen in den 1990er-Jahren an Popularität, als Menschen begannen, die häufig sichtbaren Kondensstreifen als verdächtig zu empfinden. Das Internet hat solche Ideen weiter verbreitet, und bis heute gibt es Gruppen, die daran glauben.

Es gibt jedoch keinerlei wissenschaftliche Beweise für die Existenz von »Chemtrails«. Experten und Meteorologen erklären, dass alle beobachteten Phänomene auf natürliche physikalische Prozesse zurückzuführen sind. Die Tatsache, dass der Flugverkehr in den letzten Jahrzehnten stark zugenommen hat, führt dazu, dass Kondensstreifen häufiger zu sehen sind. Es gibt keinen Hinweis darauf, dass diese Streifen mehr sind als das Resultat der Luftfahrt.

Trotzdem hält sich die Idee von »Chemtrails« hartnäckig, was unter anderem mit dem Wunsch vieler Menschen zu tun hat, komplexe Phänomene auf einfache Weise zu erklären. Der Himmel, die Wolken und das Wetter sind natürliche Vorgänge, die nicht immer leicht zu verstehen sind. Für manche bietet die Vorstellung einer geheimen Absprache oder eines verborgenen Plans eine Erklärung für Dinge, die sie nicht vollständig begreifen. Die Kombination aus Unsicherheit und Misstrauen gegenüber Regierungen und großen Institutionen trägt ebenfalls dazu bei, dass solche Verschwörungstheorien Anklang finden.

Wissenschaftler betonen immer wieder, dass es keinen Grund gibt, sich vor Kondensstreifen zu fürchten. Die Theorien über »Chemtrails« entbehren jeder wissenschaftlichen Grundlage und beruhen auf Missverständnissen und Fehlinformationen.

Der »100-jährige Kalender« – Wettervorhersage aus dem 17. Jahrhundert?

Der sogenannte 100-jährige Kalender ist für viele ein faszinierendes Stück Geschichte. Er soll langfristige Wetterprognosen liefern – und das ganz ohne moderne Technik. Doch woher stammt der Kalender eigentlich, wie zuverlässig ist er und kann er wirklich mit digitalen Wettervorhersagen mithalten?

Der 100-jährige Kalender wurde im 17. Jahrhundert von einem deutschen Abt namens Mauritius Knauer erstellt. Knauer lebte im Benediktinerkloster Langheim und hatte großes Interesse an der Astronomie und Meteorologie. Zu seiner Zeit gab es keine fortgeschrittenen Wetterinstrumente, und so nutzte er die Beobachtung von Himmelserscheinungen, vor allem den Stand der Planeten, um ein System zu entwickeln, das das Wetter über einen Zeitraum von 100 Jahren voraussagen sollte. Knauers Grundgedanke war, dass sich das Wetter in einem siebenjährigen Zyklus wiederholt. Jeder dieser Zyklen war einem bestimmten Planeten zugeordnet, der die Wetterbedingungen dieses Zeitraums prägen sollte – beispielsweise der Mars, der für besonders heiße und trockene Jahre verantwortlich sein sollte, oder der Saturn, der für Kälte und Nässe stand. Die Himmelskörper hatten in Mauritius Knauers Vorstellungen eine Wirkung auf das Erdklima, ähnlich wie der Mond die Gezeiten beeinflusst.

Die Vorhersagen des 100-jährigen Kalenders basieren also auf astrologischen Überlegungen. Es handelt sich nicht um konkrete Wetterdaten, sondern um eine Theorie.

Doch kann das tatsächlich funktionieren? Damals war der Kalender durchaus beliebt und fand viele Anhänger, die glaubten, dass er das Wetter für Landwirtschaft und Ernten einigermaßen verlässlich voraussagen konnte.

Heute wissen wir, dass das Wettergeschehen viel komplexer ist. Meteorologen sind sich einig, dass der 100-jährige Kalender keine wissenschaftliche Grundlage hat. Das Wetter wird von einer Vielzahl von Faktoren beeinflusst, darunter globale Winde, Ozeanströmungen und die Erwärmung der Erde. Solche langfristigen Wetterprognosen wie im 100-jährigen Kalender basieren daher eher auf Zufällen oder historischen Rückblicken als auf belastbaren Daten.

Ein modernes Beispiel zeigt deutlich die Grenzen des Kalenders: Für das Jahr 2021 sagte der 100-jährige Kalender im Sommer »Hitze und Trockenheit« voraus, doch tatsächlich erlebte Europa einen eher durchwachsenen, kühlen Sommer mit viel Regen – also das Gegenteil der Vorhersage. Andererseits gab es im Kalender auch Jahre, in denen die Vorhersagen erstaunlich nahe an der Realität lagen. Zum Beispiel war der Winter 2017/2018 laut dem Kalender »sehr kalt und verschneit«, was sich für Teile Europas durchaus bewahrheitet hat.

Das zeigt, dass einige Vorhersagen rein zufällig eintreffen können, aber langfristig zuverlässig ist der Kalender nicht. Das Wettergeschehen ist viel zu komplex und dynamisch, als dass sich ein solch einfaches Modell wie der 100-jährige Kalender durchsetzen könnte. Im Vergleich zu den heutigen, datenbasierten Wettermodellen, die auf Satellitenbildern, Radaraufzeichnungen und Computeranalysen beruhen, wirkt der 100-jährige Kalender fast wie ein Blick in die Glaskugel.

Die Wissenschaft betrachtet den 100-jährigen Kalender deshalb eher als historische Kuriosität, die uns zeigt, wie Menschen in früheren Zeiten versuchten, die Launen des Wetters zu verstehen und vorherzusagen. Die Meteorologie hat sich in den letzten Jahrhunderten stark weiterentwickelt und dank moderner Technologie können wir das Wetter jetzt viel genauer und zuverlässiger vorhersagen – zumindest für die nächsten Tage. Langfristige Vorhersagen, wie sie der 100-jährige Kalender verspricht, bleiben jedoch schwierig.

Zudem haben sich die klimatischen Bedingungen im Laufe der Zeit verändert. Der Klimawandel führt dazu, dass historische Wettertrends und Zyklen nicht mehr in der gleichen Form auftreten wie früher. Extremere Wetterereignisse wie Hitzewellen, Starkregen und Stürme nehmen zu und alte Modelle wie der 100-jährige Kalender können diese Veränderungen nicht abbilden.

Der Einfluss des Mondes auf unser Wetter

Der Mond hat einen starken Einfluss auf die Gezeiten, das wissen wir. Aber wenn es um das Wetter geht, hört man immer wieder die Frage: Beeinflusst der Mond auch das? Ist das wissenschaftlich belegt oder nur Aberglaube?

Die kurze Antwort: Der Mond hat keinen direkten Einfluss auf das Wetter, wie wir es täglich erleben. Es gibt keine wissenschaftlichen Beweise dafür, dass Vollmond oder andere Mondphasen das Wetter beeinflussen. Zwar hat der Mond durch seine Anziehungskraft einen Effekt auf die Ozeane und damit auf die Gezeiten, doch diese wirken sich nicht direkt auf unser Wetter aus.

Viele Menschen glauben dennoch, dass der Mond Regen, Stürme oder andere Wetterphänomene beeinflussen könnte, aber das ist eher Aberglaube oder beruht auf Zufall. Meteorologen verlassen sich bei der Wettervorhersage auf Faktoren wie Luftdruck, Temperatur und Windströme, nicht auf den Mond.

Weiße Weihnachten – die große Sehnsucht vieler Menschen

Weiße Weihnachten – für viele Menschen in Deutschland ist das die Traumvorstellung eines perfekten Weihnachtsfestes. Schneebedeckte Landschaften, knirschender Schnee unter den Füßen und eine ruhige, winterliche Stimmung gehören zu den romantischen Vorstellungen, die wir von Weihnachten haben. Doch wieso wünschen sich so viele genau dieses Bild? Und wie realistisch ist es eigentlich, dass wir an Weihnachten tatsächlich Schnee haben?

Die Sehnsucht nach weißen Weihnachten hat viel mit nostalgischen Erinnerungen und Traditionen zu tun. Filme, Weihnachtskarten und Lieder wie »Leise rieselt der

Schnee« prägen unser Bild von Weihnachten. Viele verbinden den Schnee mit der Gemütlichkeit und der Besinnlichkeit des Festes. Besonders Kinder hoffen auf Schneeballschlachten oder einen Schneemann am Weihnachtsmorgen. Dieses Bild von Weihnachten scheint sich fest in unser kollektives Gedächtnis eingegraben zu haben.

Früher, so denkt man oft, gab es häufiger weiße Weihnachten. Aber stimmt das? Tatsächlich ist das zwar richtig, aber die Vorstellung, dass es »früher immer geschneit hat«, ist eine romantische Verklärung. Aus den Wetterdaten der letzten Jahrzehnte geht hervor, dass weiße Weihnachten in Deutschland schon immer ein eher seltenes Ereignis waren – besonders in den tieferen Lagen. Schnee an Weihnachten ist eher in höheren Gebieten und im Süden Deutschlands wahrscheinlich. In Regionen wie München oder im Alpenvorland gibt es häufiger weiße Weihnachten als etwa im Rheinland oder in Norddeutschland. Die Wahrscheinlichkeit für Schnee in tieferen Lagen lag in den letzten Jahren nur bei etwa 10 bis 20 Prozent. Für ganz Deutschland beträgt die Wahrscheinlichkeit je nach Region zwischen 10 und 30 Prozent.

Doch hat die Wahrscheinlichkeit für weiße Weihnachten abgenommen? Ja, das ist der Fall. Durch den Klimawandel sind die Winter in Deutschland wärmer geworden. Das bedeutet, dass die Chancen auf Schnee an Weihnachten in vielen Teilen des Landes in den letzten Jahrzehnten gesunken sind. Es ist also keine Einbildung, sondern Realität, dass weiße Weihnachten seltener geworden sind.

Dabei darf man nicht vergessen: Weihnachten liegt kalendarisch erst am Beginn des Winters, der astronomisch am 21. Dezember startet. In vielen Jahren fällt der Schnee erst im Januar oder Februar, wenn der Winter richtig in Fahrt kommt. Das erklärt auch, warum wir so oft enttäuscht sind, wenn an Weihnachten die Temperaturen noch nicht tief genug für Schnee sind.

Und wann kann man seriös vorhersagen, ob es weiße Weihnachten geben wird? Zuverlässige Wetterprognosen sind in der Regel etwa eine Woche vor Weihnachten möglich. Frühere Ankündigungen sind Spekulation oder allenfalls eine grobe Tendenz. Manche Medien wagen zwar Wochen im Voraus eine Prognose, aber solche Aussagen sind unseriös und nicht viel mehr als »Wünsch dir was«. Das Wetter, besonders bei so wechselhaften Bedingungen wie im Winter, kann schlicht nicht langfristig vorhergesagt werden. Auch wenn für viele der Traum von weißen Weihnachten dazugehört – die Wahrscheinlichkeit ist gering und sinkt durch den Klimawandel weiter.

Unwetter und Katastrophen

Wie Gewitter entstehen – und weshalb das »Nowcasting« besonders wichtig ist

Ein Gewitter ist ein beeindruckendes, aber auch gefährliches Wetterphänomen, das meist mit Blitz und Donner, starkem Regen, Sturm und manchmal auch Hagel einhergeht. Die Entstehung eines Gewitters ist ein spannender meteorologischer Prozess, der vor allem auf starke Temperatur- und Feuchtigkeitsunterschiede in der Atmosphäre zurückzuführen ist.

Gewitter entstehen häufig an warmen Tagen, wenn die Sonne den Boden stark erhitzt. Dadurch erwärmt sich auch die Luft in Bodennähe, die dann aufsteigt. Dabei trägt diese aufsteigende Luft viel Feuchtigkeit mit sich, denn warme Luft kann mehr Wasser aufnehmen als kalte. In den höheren Luftschichten kühlt sich die Luft ab. Die Feuchtigkeit kondensiert, es bilden sich Wolken. Diese Wolken können sich schnell zu sogenannten Cumulonimbuswolken entwickeln, die bis in große Höhen reichen. Je höher die Wolke reicht, desto mehr Wassertröpfchen und Eiskristalle sammeln sich darin.

Die Bewegung dieser Luftmassen und die Reibung der Wassertropfen und Eiskristalle führen dazu, dass elektrische Ladungen innerhalb der Wolken entstehen. Die obere Wolkenschicht lädt sich positiv auf, während die untere Schicht und der Boden darunter negativ geladen werden. So entsteht schließlich ein Blitz – eine gewaltige elektrische Entladung, die mit Donner und starken Winden einhergeht.

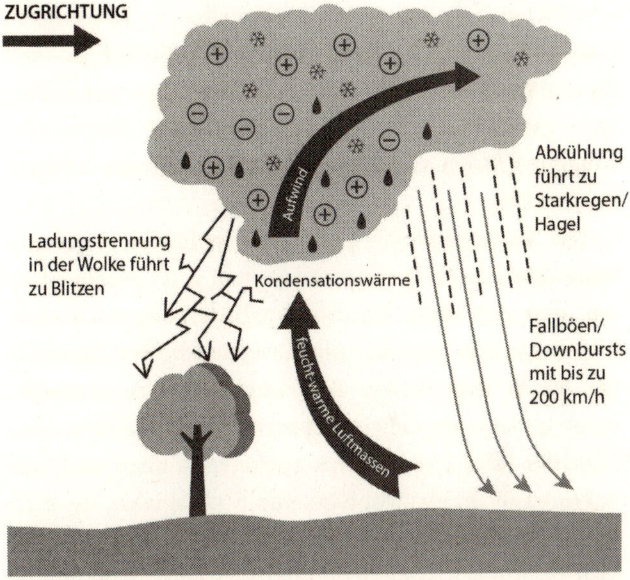

Was ein Gewitter so gefährlich macht, sind seine vielen Begleiterscheinungen. Blitzschläge sind eine der offensichtlichsten Gefahren. Sie können nicht nur Menschen verletzen oder töten, sondern auch Brände auslösen, wenn sie Gebäude oder Bäume treffen. Der Starkregen, der oft mit Gewittern einhergeht, kann in kurzer Zeit zu Überschwemmungen führen, besonders in Städten, wo das Wasser nicht schnell genug abfließen kann. Hagel ist eine weitere Bedrohung. Er entsteht, wenn aufsteigende Luft die Wassertropfen so hoch in die Wolke trägt, dass sie gefrieren. Diese Eisklumpen können je nach Größe erheblichen Schaden anrichten, vor allem an Fahrzeugen, Gebäuden und in der Landwirtschaft. Außerdem können die starken Winde, die während eines Gewitters auftreten – manchmal in Form von Orkanböen –, Bäume entwurzeln, Dächer abdecken und andere schwere Schäden verursachen.

Die Vorhersage von Gewittern ist für Meteorologen besonders schwierig. Zwar kann man grob prognostizieren, dass sich unter bestimmten Bedingungen Gewitter bilden werden, zum Beispiel an einem heißen Sommertag. Es ist aber extrem schwierig, genau zu ermitteln, wann und wo ein Gewitter auftritt. Das liegt daran, dass Gewitter lokal eng begrenzt auftreten können und viele Faktoren in der Atmosphäre eine Rolle spielen, die ständig variieren. Kleinste Änderungen in Temperatur oder Luftfeuchtigkeit können darüber entscheiden, ob und wo ein Gewitter aufzieht.

Deshalb kann man oft erst sehr kurzfristig, manchmal nur wenige Stunden vorher, genauer sagen, dass ein Gewitter an einem bestimmten Ort auftreten wird. Hier kommt das sogenannte Nowcasting ins Spiel. Beim Nowcasting beobachten Meteorologen mithilfe von Radarbildern, Satellitendaten und Wetterstationen in Echtzeit, wie sich Wolken und Luftmassen bewegen und entwickeln. Sie können dann kurzfristig Vorhersagen treffen, wo genau ein Gewitter niedergehen wird. Das ist besonders hilfreich, um vor Gefahren wie Starkregen und Hagel zu warnen.

Die Vb-Wetterlage – brandgefährliches Tiefdruckgebiet

Die Vb-Wetterlage, gesprochen »Fünf-B-Wetterlage«, ist ein spezielles Wetterphänomen, das in Mitteleuropa, vornehmlich Deutschland, häufig zu extremen Wetterereignissen führt. Der Begriff Vb bezieht sich auf eine Klassifikation, die auf den Meteorologen Wilhelm Jacob van Bebber zurückgeht, der im 19. Jahrhundert verschiedene Zugbahnen von Tiefdruckgebieten in Europa untersuchte und systematisierte. Van Bebber nummerierte und benannte die typischen Zugbahnen von Tiefdruckgebieten, die sich über Europa bewegen, und die fünfte dieser Bahnen wurde »Vb« genannt.

Was hat es mit dieser Vb-Wetterlage auf sich? Ein Tiefdruckgebiet zieht dabei typischerweise von Südwesteuropa, oft vom Golf von Genua oder der Adria ausgehend, über das Mittelmeer und sammelt dort Feuchtigkeit auf. Dann bewegt es sich in Richtung Nordosten über die Alpen nach Mitteleuropa. Die Besonderheit dieser Wetterlage ist die enorme Menge an Feuchtigkeit, die das Tiefdruckgebiet auf seinem Weg aufnimmt. Sobald diese feuchte Luft auf die kühleren Luftmassen über Mitteleuropa trifft, kühlt sie ab und kondensiert, was zu Wolken und starken Niederschlägen führt. Diese Niederschläge können sich in Form von Dauerregen, Starkregen oder Schneefällen äußern, abhängig von der Jahreszeit.

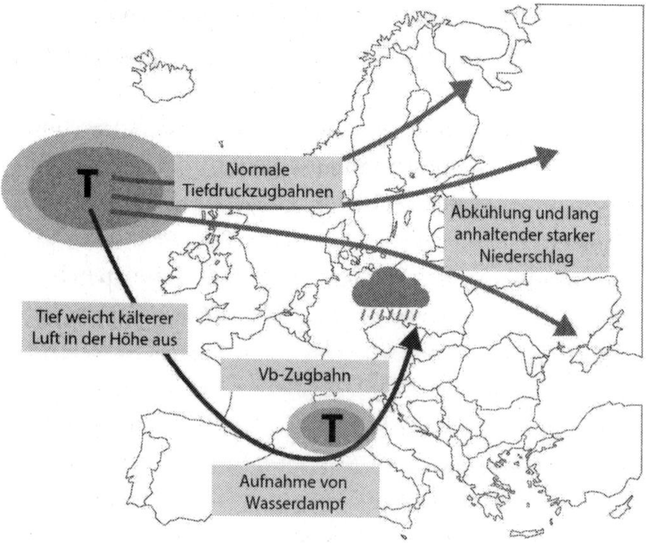

Eine der größten Gefahren der Vb-Wetterlage sind Überschwemmungen. Da der Regen, im Sommer häufig begleitet von Gewittern, oft über einen langen Zeitraum hinweg anhält, kann es schnell zu vollgesogenen Böden und steigenden Flusspegeln kommen. In der Vergangenheit haben Vb-Wetterlagen immer wieder zu verheerenden Hochwassern geführt. Ein bekanntes Beispiel ist die

Flutkatastrophe von 2002, bei der durch eine Vb-Wetterlage besonders in Sachsen und Tschechien schwere Überschwemmungen ausgelöst wurden. Der Elbe-Pegel stieg damals auf Rekordhöhen und ganze Städte wurden überflutet.

Weitere Beispiele für schwere Vb-Wetterlagen sind das Oderhochwasser von 1997 oder das Hochwasser an Donau und Elbe im Jahr 2013. Diese Ereignisse zeigen, wie gefährlich die Kombination aus anhaltendem Regen und großen Flusssystemen sein kann, besonders in Gebieten, in denen das Wasser wenig Raum zum Abfließen hat.

Solche Wetterlagen können auch andere Folgen haben, je nach Jahreszeit. Schwere Regenfälle können neben Überschwemmungen auch Erdrutsche und Schlammlawinen bewirken, insbesondere in den Alpenregionen. Im Winter bewirkt die Vb-Wetterlage oft starke Schneefälle, die in den Bergen Lawinen auslösen können. Eine weitere Folge sind starke Winde, die ebenfalls gefährlich werden können. Somit ist die Vb-Wetterlage eine der gefährlichsten Wetterlagen in Mitteleuropa.

Wie entsteht Hochwasser?

Es kommt zu Hochwasser, wenn mehr Wasser in Flüsse, Bäche oder andere Gewässer gelangt, als diese aufnehmen oder ableiten können. In der Regel geschieht dies durch anhaltenden Regen, Starkregen oder Schneeschmelzen, die das Wasser aus höheren Lagen in die Flusssysteme transportieren. Wenn diese Wassermengen zu groß werden, tritt das Wasser über die Ufer und überflutet das umliegende Land. Hochwasser kann sich langsam entwickeln, wenn der Regen über Tage oder Wochen hinweg anhält, aber es kann auch sehr plötzlich und heftig auftreten, zum Beispiel bei Sturzfluten.

Sturzfluten sind eine besonders gefährliche Form des Hochwassers. Sie entstehen oft durch intensive Niederschläge, die innerhalb kurzer Zeit auf ein kleines Gebiet treffen. Besonders in hügeligen oder bergigen Regionen kann Starkregen dafür sorgen, dass kleine Bäche oder Flüsse rasch anschwellen und große Wassermassen ins Tal reißen. Das Wasser, das schnell über die steilen Hänge abfließt, trägt dabei oft Schlamm, Geröll und sogar große Felsbrocken mit sich, was die Schäden in den betroffenen Ortschaften noch vergrößert. Diese Fluten haben bereits Häuser zerstört und ganze Straßenzüge verwüstet, wie die Ereignisse von Braunsbach (Baden-Württemberg) und Simbach (Bayern) im Jahr 2016 deutlich gezeigt haben.

Für die Entstehung von Hochwasser ist eine »nasse Vorgeschichte« oft entscheidend. Wenn der Boden bereits durch vorhergehenden Regen stark gesättigt ist, kann er kein weiteres Wasser mehr aufnehmen. Dadurch fließt das Regenwasser ungehindert in die Flüsse und Bäche, die rasch anschwellen. Besonders kritisch wird es, wenn auf eine solche nasse Phase ein Starkregenereignis folgt. Das Hochwasserrisiko ist dann erheblich erhöht.

Die Frage, ob Hochwasser und Starkregenereignisse zunehmen, ist eng mit dem Klimawandel verknüpft. Durch die Erderwärmung verändert sich das Klima weltweit, und in vielen Regionen – auch in Deutschland – zeigt sich, dass extreme Wetterereignisse wie Starkregen häufiger werden. Eine wärmere Atmosphäre kann mehr Wasserdampf aufnehmen. Dadurch steigt die Wahrscheinlichkeit, dass es zu intensiveren Regenfällen kommt, wenn dieser Wasserdampf wieder abregnet. Dies führt zu häufigeren und intensiveren Starkregenereignissen, die wiederum das Hochwasserrisiko erhöhen. Studien zeigen, dass die Wahrscheinlichkeit für Starkregenereignisse in Deutschland in den letzten Jahrzehnten zugenommen hat und voraussichtlich weiter zunehmen wird.

Ein prominentes Beispiel für extrem starkes Hochwasser in Deutschland ist das Elbehochwasser 2002. Damals sorgte eine Kombination aus lang anhaltenden Regenfällen und Starkregen dafür, dass die Elbe und ihre Nebenflüsse massiv über die Ufer traten. Ganze Städte wie Dresden wurden überflutet und es entstanden Schäden in Milliardenhöhe. Auch das Hochwasser von 2013 an Donau und Elbe verursachte massive Überschwemmungen in vielen Regionen Deutschlands, Österreichs und Tschechiens. In beiden Fällen spielten eine bereits nasse Vorgeschichte und intensive Regenfälle eine Schlüsselrolle bei der Entstehung des Hochwassers.

Auch in anderen Teilen Europas hat es in den letzten Jahrzehnten immer wieder verheerende Hochwasser gegeben. So waren die Überflutungen der Donau und ihrer Nebenflüsse in Ungarn und Rumänien ebenfalls mit extremen Niederschlägen verbunden. In vielen Regionen Europas zeigt sich, dass die Kombination aus einem sich verändernden Klima und dichter Besiedlung das Hochwasserrisiko weiter erhöht.

Die physikalische Erklärung für Starkregen und Hochwasser liegt in der Dynamik der Atmosphäre. Warme Luft kann mehr Feuchtigkeit aufnehmen. Diese feuchte Luft steigt auf und kühlt in höheren Luftschichten ab. Dabei kondensiert der Wasserdampf zu Wolken und Regen. Wenn diese Luftmassen auf kalte Fronten treffen oder sich über einem Gebiet festsetzen, kann es zu extremen Regenfällen kommen. In Kombination mit gesättigten Böden, urbaner Bebauung, die verhindert, dass Wasser versickern kann, und ungünstigen geografischen Gegebenheiten führt dies oft zu Hochwasser.

Ein weiterer Punkt, der beachtet werden muss, ist, dass Hochwasserereignisse nicht nur häufiger werden, sondern auch immer größere finanzielle Schäden verursachen. Die zunehmende Urbanisierung und der Bau in Hochwassergefährdungsgebieten erhöhen das Risiko, dass Hochwasser große Zerstörung an Wohnhäusern, Straßen und der Infrastruktur anrichten. Versicherungen haben in den letzten Jahren stark steigende Schadenssummen durch Hochwasser verzeichnet und die

Prognosen deuten darauf hin, dass diese Belastungen weiter zunehmen werden. Hochwasserschutz wird in Zukunft eine immer größere Rolle spielen müssen, um diese Risiken zu minimieren.

Die Ahrtalflut 2021 – Entstehung und Warnmanagement

Die Ahrtalflut 2021 war eine der schwersten Naturkatastrophen, die Deutschland in den letzten Jahrzehnten erlebt hat. Am 14. und 15. Juli 2021 kam es zu extremen Regenfällen in Teilen von Rheinland-Pfalz und Nordrhein-Westfalen, insbesondere im Ahrtal, das überflutet wurde. Das Tiefdruckgebiet, das für die heftigen Regenfälle verantwortlich war, trug den Namen »Bernd«. Über einen Zeitraum von etwa 48 Stunden fielen in einigen Regionen zwischen 100 und 150 Liter Regen pro Quadratmeter, in manchen Gebieten sogar bis zu 200 Liter. Diese außergewöhnliche Regenmenge führte dazu, dass Flüsse wie die Ahr in kürzester Zeit über die Ufer traten und enorme Zerstörungen anrichteten. Straßen, Häuser und Brücken wurden von den Fluten mitgerissen und viele Menschen verloren ihr Leben oder ihre Existenz.

Meteorologisch gesehen war die Flut das Ergebnis einer seltenen Wetterlage, bei der das Tiefdruckgebiet »Bernd« über Mitteleuropa festhing und große Mengen feuchtwarmer Luft aus dem Mittelmeerraum heranführte. Diese Luftmassen stießen auf kältere Luft, wodurch der Wasserdampf in der Atmosphäre zu extremen Regenfällen kondensierte. Normalerweise ziehen Tiefdruckgebiete relativ schnell weiter, aber »Bernd« blieb fast ortsfest über der Region, wodurch die Regenfälle ungewöhnlich lange Zeit andauerten. Solche lang anhaltenden Starkregenereignisse führen in Flusstälern wie dem Ahrtal oft zu schweren Überschwemmungen, da das Wasser in den engen Tälern nur schwer abfließen kann.

Meteorologen spielen in solchen Situationen eine entscheidende Rolle. Sie beobachten Wetterphänomene mithilfe von Satelliten, Radarsystemen und Modellen, um Vorhersagen über bevorstehende Wetterereignisse zu machen. Bereits 36 bis 48 Stunden vor der Katastrophe warnten Meteorologen vor den enormen Regenmengen und den möglichen Überschwemmungen. Diese Warnungen wurden sowohl an die Behörden als auch an die Bevölkerung weitergegeben. Doch trotz dieser Vorwarnungen wurde im Vorfeld wenig unternommen, um die Menschen im Ahrtal rechtzeitig zu schützen. Warnungen allein reichen nicht aus – es müssen auch entsprechende Maßnahmen ergriffen werden, um die Gefahr zu mindern. Im Fall der Ahrtalflut hatten die Behörden die meteorologischen Warnungen zwar erhalten, aber es wurden keine umfassenden Evakuierungen oder Schutzmaßnahmen eingeleitet.

Die Aufgabe von Meteorologen besteht darin, rechtzeitig vor gefährlichen Wetterereignissen zu warnen. Sie geben Wetterwarnungen heraus, um Behörden und die Bevölkerung auf drohende Gefahren aufmerksam zu machen. Diese Warnungen müssen dann von den zuständigen Behörden aufgegriffen werden, um Maßnahmen wie Evakuierungen, den Aufbau von Hochwasserschutz oder Straßensperrungen zu organisieren. Bei der Ahrtalflut wurde jedoch versäumt, rechtzeitig auf die Warnungen der Meteorologen zu reagieren, was zu verheerenden Konsequenzen führte.

Meteorologen warnen nicht nur vor Hochwassergefahren, sondern auch vor vielen anderen extremen Wetterereignissen. Dazu gehören Sturmwarnungen, bei denen besonders starke Winde vorhergesagt werden, Starkregen, der zu Überschwemmungen führen kann, sowie Schneefälle und Glatteis, die den Verkehr gefährden. Ebenso treffen Meteorologen Vorhersagen von Trockenperioden, die zu Waldbränden führen können, und sie warnen vor gesundheitsgefährdenden Hitzewellen. Ihre Arbeit ist essenziell, um die Bevölkerung und die Behörden auf extreme Wetterlagen vorzubereiten und Schaden möglichst gering zu halten.

Die Ahrtalflut zeigt, wie wichtig es ist, dass meteorologische Warnungen ernst genommen werden und rechtzeitig gehandelt wird. Obwohl die Meteorologen frühzeitig auf die drohende Gefahr hingewiesen hatten, wurden nicht die notwendigen Vorsorgemaßnahmen ergriffen, um die Bevölkerung zu schützen. Die Verantwortung für die Umsetzung solcher Maßnahmen liegt bei Behörden und Entscheidungsträgern. In Zukunft müssen Warnsysteme und die Kommunikation zwischen Meteorologen und den Behörden verbessert werden, um solche Katastrophen zu vermeiden oder ihre Folgen zumindest zu mildern.

Wie entstehen Sturmfluten?

Eine Sturmflut ist ein Naturereignis, bei dem der Wasserspiegel des Meeres ungewöhnlich hoch ansteigt und oft die Küsten überflutet werden. Aber wie genau entsteht eine Sturmflut? Meteorologisch gesehen ist sie das Ergebnis eines starken Sturms oder Orkans, der das Wasser auf das Land drückt. Das passiert vor allem in Kombination mit einem Tiefdruckgebiet, bei dem der Luftdruck über dem Meer sehr niedrig ist. Dadurch steigt der Meeresspiegel, denn der Druck auf das Wasser lässt nach und die Wassermassen werden angehoben. Verstärkt wird das Ganze durch heftige Winde, die das Wasser gegen die Küste treiben. Kommt dann noch eine Springflut hinzu – also eine besonders hohe Flut –, kann das Wasser gefährlich ansteigen.

Die Gezeiten spielen bei einer Sturmflut ebenfalls eine große Rolle. Gezeiten sind die regelmäßigen Wasserbewegungen von Ebbe und Flut, die durch die Anziehungskraft des Mondes und der Sonne entstehen. Ebbe ist der Zustand, wenn das Wasser zurückgeht und der

Extremfall: starker Sturm/Orkan und zugleich Flut

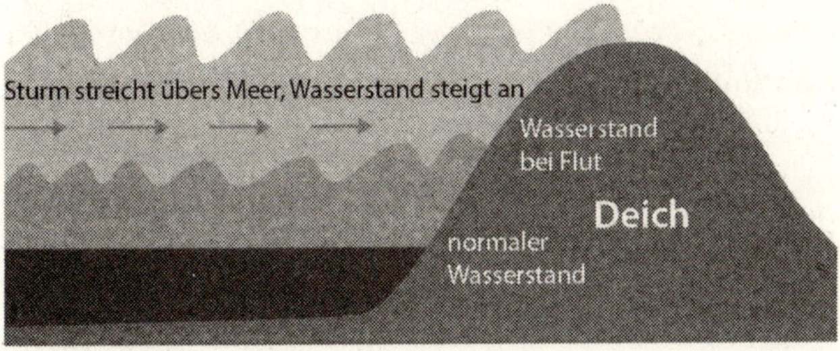

Meeresspiegel sinkt. Flut ist das Gegenteil – hier steigt das Wasser wieder an. Dieses Auf und Ab der Gezeiten passiert weltweit in einem etwa zwölfstündigen Zyklus. Wenn eine Sturmflut während der Flut auftritt, kann der Wasserstand extrem steigen und zu Überschwemmungen führen.

Eine Sturmflut kann besonders an Küsten entstehen, die offen zum Meer liegen und anfällig für starke Winde sind. Die Nordseeküste ist ein bekanntes Beispiel, weil die flache Landschaft und die direkte Lage am offenen Meer das Wasser leicht auf die Küsten drücken können. Aber auch andere Meere können betroffen sein. An der ruhigeren Ostsee zum Beispiel spricht man nicht von Sturmfluten, sondern von Hochwasser. Der Unterschied liegt darin, dass die Ostsee weniger von den Gezeiten beeinflusst wird, da sie ein Binnenmeer ist und nicht so direkt mit dem Atlantik verbunden ist wie die Nordsee. Hochwasser in der Ostsee entsteht meist durch anhaltende Winde, die das Wasser in eine Ecke des Meeres drücken, zum Beispiel in den Süden. Die Nordsee-Sturmflut hingegen wird stärker durch die Gezeiten beeinflusst. Der Tidenhub, der Unterschied zwischen Ebbe und Flut, ist viel größer. Deswegen fallen Sturmfluten dort heftiger aus.

Die bisher schlimmste Sturmflut in Deutschland war die »Hamburger Sturmflut« im Februar 1962. Damals drückte ein starker Orkan das Wasser der Nordsee in die Elbe, und das in einer Zeit, in der schon eine Springflut herrschte. Die Folge: Mehr als 300 Menschen starben und große Teile Hamburgs wurden überflutet, weil die Deiche dem Wasserdruck nicht standhalten konnten. Ganze Stadtteile standen unter Wasser und die Schäden waren immens. Diese Sturmflut zeigt, wie gefährlich das Zusammenspiel von Wetter, Gezeiten und geografischen Gegebenheiten sein kann.

El Niño und La Niña – drastisches Wetter mit klangvollem Namen

El Niño und La Niña sind Wetterphänomene, die ihren Ursprung im tropischen Pazifik haben und das Klima weltweit beeinflussen. Vielleicht hast du schon von besonders kalten Wintern oder heißen Sommern gehört, die auf eines dieser Phänomene zurückgeführt werden. Aber was steckt eigentlich dahinter?

El Niño, was auf Spanisch »der Junge« beziehungsweise »das (Jesus-)Kind« bedeutet, wurde von südamerikanischen Fischern so benannt, weil das Phänomen oft um die Weihnachtszeit auftritt. Dabei erwärmt sich das Wasser im zentralen und östlichen Pazifik ungewöhnlich stark. Normalerweise blasen Passatwinde das warme Oberflächenwasser von Südamerika Richtung Asien, während kaltes Tiefenwasser an der südamerikanischen Küste aufsteigt. Bei El Niño schwächen sich diese Winde ab oder kehren sich sogar um. Dadurch bleibt das warme Wasser vor Südamerika, was das Aufsteigen des kalten Wassers verhindert und weltweite Auswirkungen auf das Wetter hat. In Südamerika kommt es dadurch häufig zu starken Regenfällen und Überschwemmungen, während in Südostasien und Australien Trockenheit und Waldbrände entstehen können. Auch in Europa und Nordamerika kann El Niño das Wetter beeinflussen, indem er sowohl hier wie dort milde Winter oder heiße Sommer verursacht.

La Niña, was auf Spanisch »das Mädchen« bedeutet, ist das Gegenstück zu El Niño. Hier wird das Wasser im zentralen Pazifik kälter als gewöhnlich, weil die Passatwinde stärker sind und noch mehr warmes Oberflächenwasser nach Westen schieben. Dadurch kühlt sich das Meerwasser vor der südamerikanischen Küste stark ab, was ebenfalls weltweite Auswirkungen auf das Wetter hat, allerdings entgegengesetzt zu El Niño. Regionen, die während El Niño Trockenheit erlebten, können jetzt von

Überschwemmungen betroffen sein, und umgekehrt. In Europa und Nordamerika führt La Niña oft zu kälteren Wintern und trockeneren Sommern.

El Niño verändert die globalen Windsysteme und beeinflusst damit die Luftströmungen, die unser Wetter bestimmen. Doch es ist wichtig zu verstehen, dass nicht allein dieses Phänomen für extreme Wetterereignisse verantwortlich ist. Es gibt viele andere Faktoren, die das Klima beeinflussen, wie etwa die Nordatlantische Oszillation oder die Polarwirbel.

Auch bei heißen Sommern wird häufig El Niño ins Spiel gebracht. Da das Phänomen den Jetstream beeinflussen kann – das sind die Starkwindbänder in der Atmosphäre –, verharren bestimmte Hochdruckgebiete länger an einem Ort. Dies kann zu lang anhaltenden Hitzewellen im Sommer führen.

Zusammengefasst: El Niño und La Niña sind natürliche Klimaphänomene, die durch Veränderungen der Meeresoberflächentemperaturen im Pazifik entstehen. Sie beeinflussen das Wetter weltweit und haben auch Auswirkungen auf unser Klima hierzulande. El Niño sorgt im nördlichen Teil Europas häufig für milde Winter und heiße Sommer, während La Niña kältere Winter bringt. In Südeuropa sind die Winter durch El Niño eher kälter. Allerdings sind diese Phänomene nur ein Teil des globalen Klimasystems, und viele andere Faktoren spielen ebenfalls eine Rolle.

Wie Vulkanausbrüche Wetter und Klima verändern können

Wenn ein besonders großer Vulkan ausbricht, kann das erhebliche Auswirkungen auf die Umgebung und sogar auf Wetter und Klima haben. Vulkanausbrüche setzen große Mengen an Lava, Asche, Gestein und Gasen frei, die tief aus dem Inneren der Erde kommen. Die Intensität und der Umfang eines Vulkanausbruchs hängen von vielen Faktoren ab, wie der Zusammensetzung des Magmas, dem Druck im Erdinneren und der Struktur des Vulkans. Bei einem »plinianischen Ausbruch«, der besonders gewaltig ist, werden riesige Mengen an Asche und Gasen kilometerweit in die Atmosphäre geschleudert. Dieser Prozess kann nicht nur regionale Verwüstungen verursachen, sondern auch das globale Wetter kurzfristig verändern und das Klima langfristig beeinflussen.

Das Wetter wird durch Vulkanasche und Schwefelgase beeinflusst, die in die obere Atmosphäre gelangen. Diese Partikel, insbesondere das Schwefeldioxid, reagieren mit Wasserdampf in der Stratosphäre und bilden Tröpfchen aus Schwefelsäure. Diese Tröpfchen reflektieren das Sonnenlicht zurück ins All und verhindern, dass die Sonnenstrahlen die Erdoberfläche erreichen. Dadurch kühlt die Erde ab. Je nach Stärke des Vulkanausbruchs und der Menge an ausgestoßenen Gasen kann dieser Kühleffekt von wenigen Monaten bis zu mehreren Jahren andauern. Ein Beispiel hierfür ist der Ausbruch des Vulkans Mount Pinatubo auf den Philippinen im Jahr 1991.

Der Pinatubo-Ausbruch war einer der größten des 20. Jahrhunderts. Er schleuderte etwa 20 Millionen Tonnen Schwefeldioxid und Asche in die Stratosphäre und sorgte weltweit für eine Abkühlung von etwa 0,5 °C über mehrere Jahre. Diese Abkühlung hatte spürbare Auswirkungen auf das Wetter und die landwirtschaftlichen Erträge. Nach dem Ausbruch des Pinatubo wurde weltweit eine Zunahme an bizarren Wetterphänomenen und ungewöhnlich verlaufenden Jahreszeiten verzeichnet.

Ein noch extremeres Beispiel für die klimatischen Folgen eines Vulkanausbruchs ist das sogenannte Jahr ohne Sommer von 1816. Der Ausbruch des Vulkans Tambora in Indonesien im Jahr 1815 war einer der größten der letzten Jahrtausende. Er schleuderte so viel Asche und Schwefel in die Atmosphäre, dass das Klima weltweit abkühlte. In Europa, Nordamerika und Asien gab es extreme Wetterbedingungen, darunter Schneefälle im Juni und eine Missernte aufgrund von Frost und Kälte. Diese klimatischen Veränderungen führten zu Hungersnöten und wirtschaftlichen Problemen in vielen Regionen der Welt.

2023 gab es einen weiteren außergewöhnlich massiven Vulkanausbruch, der erneut die Diskussionen über die klimatischen Auswirkungen von Vulkanen in Gang setzte. Der Hunga-Tonga-Hunga-Ha'apai-Vulkan im

Südpazifik schleuderte eine immense Menge an Asche und Schwefelgasen in die Stratosphäre. Wissenschaftler untersuchen derzeit die langfristigen Auswirkungen dieses Ausbruchs auf das globale Klima, da der Kühleffekt über mehrere Jahre andauern könnte.

Vulkanausbrüche wie diese zeigen, dass natürliche Ereignisse das Klima auf der Erde erheblich beeinflussen können. Selbst in Zeiten, in denen der menschengemachte Klimawandel im Vordergrund steht, können plötzliche Naturereignisse wie Vulkanausbrüche die Wetter- und Klimaprognosen durcheinanderbringen. Ein zukünftiger Vulkanausbruch von enormem Ausmaß könnte kurzfristig für eine Abkühlung sorgen und die aktuellen Erwärmungstrends verlangsamen. Allerdings ist diese Abkühlung nicht von Dauer und führt zu keinem langfristigen Ausgleich der globalen Erwärmung. Sie kann jedoch die Klimaprognosen für einige Jahre verändern.

Die physikalischen Prozesse hinter einem Vulkanausbruch und den klimatischen Auswirkungen sind komplex. Wenn ein Vulkan ausbricht, wird Magma an die Oberfläche gedrückt, wo es als Lava austritt oder explosionsartig in Form von Asche und Gasen freigesetzt wird. Diese Aschepartikel und Gase können bis in die Stratosphäre, die zweite Schicht der Atmosphäre, aufsteigen. Dort bleiben sie oft monate- oder sogar jahrelang, bevor sie langsam wieder zur Erde absinken. In dieser Zeit können sie das Sonnenlicht abschwächen, was zu einer Abkühlung der Erdoberfläche führt.

Während der Großteil der durch einen Vulkanausbruch freigesetzten Gase harmlos ist, ist Schwefeldioxid der Hauptverursacher der klimatischen Auswirkungen. Es bildet zusammen mit Wasserdampf Schwefelsäuretröpfchen, die als Aerosole in der Stratosphäre schweben. Zusätzlich zu den direkten klimatischen Auswirkungen können Vulkanausbrüche auch das Ozon in der Stratosphäre schädigen, was langfristige Auswirkungen auf die Atmosphäre hat.

Die Forschung zu den Folgen dieser Vulkanausbrüche ist noch nicht abgeschlossen, doch die Ereignisse der Vergangenheit zeigen, dass wir die Kraft der Natur nicht unterschätzen dürfen.

Lawinen – lauernde Gefahr im Winteridyll

Lawinen treten in den Bergen auf und sind zwar beeindruckend, aber gefährlich. Stellen wir uns vor, wir stapeln Schnee aufeinander. Anfangs hält alles zusammen, aber wenn die obere Schicht schwerer wird, kann sie plötzlich abrutschen – genau das passiert bei einer Lawine. Verschiedene Schneeschichten bauen sich im Winter übereinander auf. Jede Schicht hat unterschiedliche Eigenschaften: Manche sind locker und weich, andere hart und stabil. Wenn Neuschnee auf eine instabile Schneeschicht fällt oder die Sonne die Schichten aufweicht, wird der

Zusammenhalt zwischen ihnen schwächer. Ein kleiner Auslöser – zum Beispiel ein Skifahrer oder ein plötzlicher Wetterwechsel – kann ausreichen, um eine Lawine ins Rutschen zu bringen.

Es gibt verschiedene Arten von Lawinen. Die häufigsten sind Schneebrettlawinen und Lockerschneelawinen. Bei Schneebrettlawinen bricht eine gesamte Schneeschicht ab und stürzt in einem Stück den Hang hinab. Diese Art ist besonders gefährlich, weil die Schneemasse große Flächen mitreißt und enorme Kräfte entwickelt. Lockerschneelawinen beginnen oft punktuell und werden erst mit der Hangabwärtsbewegung größer, sind jedoch meist weniger kraftvoll.

Eine Lawine kann Geschwindigkeiten von über 300 km/h erreichen. Diese unglaubliche Geschwindigkeit und die Masse des Schnees machen Lawinen so gefährlich. Menschen, die in eine Lawine geraten, werden oft von den Schneemassen begraben und können nur schwer aus eigener Kraft entkommen. Die Überlebenszeit unter einer Schneedecke ist kurz, weshalb jede Minute bei der Bergung zählt.

Der Blizzard – Schneesturm der Extraklasse

Ein Blizzard ist ein heftiger Schneesturm, der besonders in Nordamerika vorkommt, aber auch in anderen kalten Regionen der Welt auftreten kann. Er bringt starken Wind, viel Schnee und eisige Temperaturen mit sich. Blizzards sind jedoch nicht einfach nur »normale« Schneestürme – sie zeichnen sich durch ihre besondere Intensität aus, die das Wetter extrem gefährlich machen kann.

Damit ein Schneesturm als Blizzard gilt, muss er bestimmte Kriterien erfüllen. Der Wind muss mindestens 35 Meilen pro Stunde (etwa 56 km/h) stark sein und Schnee oder Schneeverwehungen verursachen, die die Sicht auf weniger als 400 Meter einschränken. Außerdem müssen diese Bedingungen mindestens drei Stunden lang anhalten. Diese Kombination aus starkem Wind, dichtem Schneefall und schlechter Sicht macht Blizzards so gefährlich, vor allem für Autofahrer und andere Menschen, die draußen unterwegs sind.

Blizzards entstehen, wenn kalte Polarluft auf feuchte, warme Luft trifft. Die feuchte Luft kühlt schnell ab und es bildet sich Schnee. Starke Luftdruckunterschiede erzeugen den kräftigen Wind, der den Schnee durch die Gegend wirbelt und ihn zu einem dichten, weißen Schleier macht. Dieses Phänomen tritt besonders häufig in Nordamerika auf, vor allem in den nördlichen USA und Kanada. Auch in Russland und den nördlichen Regionen Europas kann es zu Blizzards kommen, wenn kalte und warme Luftmassen aufeinandertreffen.

In Deutschland sind Blizzards ein Ausnahmefall, da das Klima hier gemäßigter ist und extreme Wettersituationen wie in Nordamerika seltener vorkommen.

Zwar kann es in den Alpenregionen und in den Mittelgebirgen besonders im Winter sehr starke Schneestürme geben, diese sind zumeist aber weniger langanhaltend und intensiv als die klassischen Blizzards. Im Norden und Nordosten Deutschlands können bei bestimmten Wetterlagen Schneestürme auftreten, die durch starken Wind und starke Kälte gekennzeichnet sind. Auch diese erreichen jedoch in der Regel nicht die Stärke eines echten Blizzards.

Ein Blizzard kann extreme Auswirkungen haben. Er legt Straßen, Flughäfen und ganze Städte lahm, da das Fahren im dichten Schneegestöber durch die stark eingeschränkte Sicht gefährlich ist. Stromausfälle kommen häufig vor, weil die Schneemassen und der Wind Leitungen beschädigen können. Zusätzlich sind Menschen bei solchen Temperaturen schnell von Unterkühlung bedroht, wenn sie sich draußen aufhalten. Daher raten Behörden bei einem angekündigten Blizzard oft, drinnen zu bleiben und Reisen zu vermeiden.

Glatteis – Entstehung und Gefahren

Glatteis kommt zustande, wenn Wasser auf Straßen, Gehwegen oder anderen Oberflächen gefriert und eine glatte, rutschige Schicht bildet. Dies geschieht meist, wenn die Temperatur auf oder unter den Gefrierpunkt fällt und es gleichzeitig regnet oder feuchte Luft vorhanden ist. Die Eisschicht ist oft schwer zu erkennen, da sie durchsichtig ist und den Boden darunter scheinbar normal erscheinen lässt. Dies macht Glatteis so gefährlich für Autofahrer und Fußgänger.

Manchmal wird in den Medien der Begriff »Blitzeis« verwendet, um auf eine besonders plötzliche und schnelle Bildung von Glatteis hinzuweisen. Meteorologen selbst nutzen diesen Begriff eher selten, da er keine genaue wissenschaftliche Definition hat. Er beschreibt einen Vorgang, bei dem Regen oder Nieselregen auf eine sehr kalte Straße trifft und dort blitzartig, innerhalb weniger Minuten, zu Eis gefriert. Das kann sehr gefährlich sein. Besonders im Winter, wenn die Temperatur knapp über dem Gefrierpunkt liegt und eine Kaltfront heranzieht, besteht das Risiko von Blitzeis. Auch bei plötzlichen Temperaturstürzen oder Frost nach Regen kann Blitzeis entstehen.

Eine häufige Ursache für Glatteis ist gefrierender Regen. Dieser tritt auf, wenn warme Luft über einer kalten Luftschicht liegt. Der Regen fällt durch die warme Schicht und bleibt flüssig, trifft aber auf die kalte Erde oder eine kalte Oberfläche und gefriert sofort. Oder Straßen und Gehwege gefrieren nach leichtem Tauwetter erneut, wenn die Temperatur schnell fällt.

Meteorologen warnen vor Glatteis, sobald die Wetterbedingungen darauf hindeuten, dass Regen oder feuchte Luft auf eine kalte Oberfläche trifft. Ihre Vorhersagen basieren auf präzisen Modellen, die die Lufttemperaturen, die Oberflächentemperaturen und die Entwicklung von Niederschlägen berechnen. Durch Wetterberichte und die Medien wird die Bevölkerung informiert.

Die Gefahren von Glatteis und Blitzeis sind vielfältig. Im Straßenverkehr führt Glatteis zu einer erhöhten Unfallgefahr, da Autos und Motorräder leichter ins Rutschen geraten und bremsen schwieriger wird. Fußgänger sind ebenso betroffen: Auf Gehwegen kann Glatteis zu gefährlichen Stürzen führen, die Knochenbrüche und andere Verletzungen zur Folge haben. Besonders ältere Menschen sind einem erhöhten Risiko ausgesetzt, bei einem Sturz schwer verletzt zu werden. In extremen Fällen können auch Stromleitungen und Bäume durch die Eisbildung stark belastet werden, was zu Stromausfällen und Sachschäden führt.

Autofahrer sollten ihre Geschwindigkeit reduzieren, den Abstand zum vorausfahrenden Fahrzeug vergrößern und, wenn möglich, stark befahrene Straßen meiden, die besonders schnell glatt werden können. Fußgänger sollten rutschfeste Schuhe tragen und besonders vorsichtig gehen. Es ist ebenfalls ratsam, Salz oder Streusand zur Hand zu haben, um Gehwege und Hauseingänge sicherer zu machen.

Klima und globale Phänomene

Wie ist die Atmosphäre aufgebaut – und wo spielt sich unser Wetter ab?

Die Atmosphäre ist wie eine gigantische, unsichtbare Hülle, die die Erde umgibt. Ohne sie gäbe es weder Wetter noch Leben, wie wir es kennen. Die Atmosphäre ist in verschiedene Schichten unterteilt, die alle unterschiedliche Eigenschaften und Aufgaben haben. Und unser Wetter spielt sich dabei nur in einem sehr kleinen Teil dieser riesigen Hülle ab!

Ganz unten, also direkt über der Erdoberfläche, beginnt die Troposphäre. Das ist die Schicht, in der wir leben, hier vollziehen sich alle Vorgänge, die wir als Wetter bezeichnen: Wolken, Regen, Wind und Stürme – und natürlich Sonnenschein, bei Abwesenheit der anderen Phänomene. Die Troposphäre reicht von der Erdoberfläche bis in etwa 8 bis 15 Kilometer Höhe, je nachdem, ob du dich über den Polen (wo sie flacher ist) oder in den Tropen (wo sie höher ist) befindest. In dieser Schicht wird es mit zunehmender Höhe immer kälter, und am oberen Rand, der sogenannten Tropopause, ist es bitterkalt: bis zu –60 °C.

In der Troposphäre zirkuliert die Luft ständig, und das ist der Grund, warum wir wechselnde Wetterbedingungen haben. Warme Luft steigt auf, kühlt ab, kondensiert und bildet Wolken, die irgendwann abregnen. Obwohl die relativ dünne Troposphäre nur einen kleinen Teil der gesamten Atmosphäre ausmacht, ist sie – unter anderem aufgrund der genannten Prozesse – für uns Menschen die bedeutsamste Schicht.

Über der Troposphäre kommt die Stratosphäre, die bis etwa 50 Kilometer Höhe reicht. In dieser Schicht gibt es fast keine Wetterphänomene mehr. Sie ist relativ stabil und hat eine Besonderheit: Hier befindet sich die Ozonschicht. Diese dünne Hülle aus Ozonmolekülen ist enorm wichtig, weil sie die schädliche ultraviolette Strahlung der Sonne abblockt. Andernfalls wäre das Leben auf der Erde ständig dieser gefährlichen Strahlung ausgesetzt, und das hätte verheerende Auswirkungen auf die Gesundheit von Mensch, Tier und Pflanze. Ein weiterer interessanter Punkt: In der Stratosphäre steigt die Temperatur mit zunehmender Höhe wieder an – das genaue Gegenteil zur Troposphäre. Das liegt daran, dass das Ozon in dieser Schicht die Sonnenstrahlung aufnimmt und die Umgebung dadurch erwärmt.

Noch höher, zwischen 50 und 80 Kilometern, liegt die Mesosphäre. Hier wird es wieder richtig kalt, und zwar kälter als irgendwo sonst in der Atmosphäre: bis zu −100 °C! In der Mesosphäre verglühen die meisten Meteoriten, die in die Erdatmosphäre eindringen. Das sind die Sternschnuppen, die du nachts manchmal siehst. Obwohl diese Schicht für uns Menschen nicht so »greifbar« ist wie die Troposphäre, passiert also auch hier manches von Bedeutung. Die Luft ist hier übrigens so dünn, dass es keinen (nach menschlichen Maßstäben) normalen Luftdruck mehr gibt.

Über der Mesosphäre folgt die Thermosphäre, die bis etwa 600 Kilometer Höhe reicht. In dieser Schicht wird es wieder wärmer – extrem warm sogar, mit Temperaturen bis zu 2000 °C! Das klingt jetzt vielleicht nach der Hölle, aber die Luft ist hier so dünn, dass man diese Hitze nicht spüren würde. Die Thermosphäre ist der Ort, an dem die Polarlichter entstehen. Wenn energiereiche Partikel von der Sonne auf die Magnetfelder der Erde treffen, leuchten sie in den schönsten Farben – ein faszinierendes Schauspiel. Außerdem befinden sich in der Thermosphäre viele Satelliten, die für Kommunikation, GPS und Wettervorhersagen genutzt werden. Auch die Internationale Raumstation ISS bewegt sich in dieser Höhe.

Ganz oben, in über 600 Kilometer Höhe, beginnt schließlich die Exosphäre. Das ist die äußerste Schicht der Atmosphäre, in der es so wenige Teilchen gibt, dass das Gasgemisch kaum noch als Luft bezeichnet werden kann. Hier gibt es keine festen Grenzen mehr zwischen Atmosphäre und dem All, und man könnte sagen, dass in der Exosphäre schon der Weltraum beginnt. Auch in dieser Atmosphärenschicht umkreisen viele GPS- und Wettersatelliten die Erde.

Jede der fünf atmosphärischen Schichten ist auf ihre Weise bedeutend und faszinierend. Die Vorgänge, die für uns Menschen im täglichen Leben am spürbarsten sind, spielen sich allerdings nur in den untersten 10 bis 15 Kilometern ab.

Das Wetter, das wir täglich erleben, ist also ein kleines Schauspiel in einer sehr großen Hülle, die uns vor den extremen Bedingungen des Weltraums schützt und dafür sorgt, dass das Leben auf der Erde möglich ist.

Die »atmosphärischen Flüsse« – Himmelsströme mit Klimawirkung

Atmosphärische Flüsse sind faszinierende Luftströme und spielen für unser Klima eine große Rolle. Das Bild des »Flusses« trifft es tatsächlich gut: Die Luftströme sind wie lange, schmale Wasserstraßen, die sich hoch oben in der Atmosphäre bilden und große Mengen Wasserdampf transportieren. Sie können Tausende Kilometer lang sein und sind wichtig für die Verteilung von Feuchtigkeit rund um die Erde.

Der Ursprung der atmosphärischen Flüsse liegt in tropischen Regionen, wo in warmen Luftmassen die Feuchtigkeit durch die starke Sonneneinstrahlung stark verdampft und die Luft dadurch enorme Mengen Wasserdampf enthält. Durch atmosphärische Strömungen werden diese Luftmassen nach Norden oder Süden transportiert und nehmen dabei immer mehr Feuchtigkeit auf.

Treffen solche Luftströme auf Gebirge oder Küsten, kühlt der Wasserdampf ab und kondensiert – das Ergebnis sind starke Regenfälle oder Schneefälle, oft verbunden mit Sturmereignissen.

In Regionen wie Kalifornien und Südeuropa sind atmosphärische Flüsse schon länger bekannt. Sie bringen dort im Winter oft so viel Regen, dass sie eine Hauptquelle für die Wasserversorgung darstellen. Doch die Kehrseite ist die Gefahr von Überschwemmungen, wenn der Niederschlag zu intensiv ist oder zu lange andauert. Besonders heftige atmosphärische Flüsse werden manchmal auch als »Pineapple Express« bezeichnet, da sie warme, feuchte Luft aus der Region um Hawaii nach Nordamerika bringen. In Europa, insbesondere in Deutschland, wird das Phänomen erst allmählich besser verstanden und dokumentiert, denn auch hier gab es in den letzten Jahren vermehrt intensive Niederschläge, die mit atmosphärischen Flüssen in Verbindung gebracht werden.

Was atmosphärische Flüsse so besonders macht, ist die gewaltige Menge an Feuchtigkeit, die sie transportieren. Ein einzelner atmosphärischer Fluss kann bis zu 15-mal mehr Wasser führen als der Mississippi – und das in Form von Wasserdampf! Diese »Wassermengen« gelangen dann als Regen oder Schnee auf die Erde, wenn der Luftstrom auf Hindernisse wie Gebirge trifft oder sich die Temperaturen verändern.

Für Deutschland könnte die zunehmende Bedeutung atmosphärischer Flüsse in den kommenden Jahren entscheidend sein. Klimaforscher gehen davon aus, dass der Klimawandel die Intensität und Häufigkeit dieser Luftströme beeinflussen wird. Das bedeutet möglicherweise mehr Starkregen und extreme Wetterereignisse in Europa. Noch sind atmosphärische Flüsse hierzulande relativ selten und oft nicht so stark wie etwa an der Westküste der USA. Doch die Auswirkungen können auch in Deutschland spürbar sein, besonders, wenn die Wetterbedingungen ungünstig sind.

Zusammengefasst sind atmosphärische Flüsse Strömungen feuchter Luft, die über große Distanzen transportiert werden und in bestimmten Regionen zu intensiven Regenfällen führen können. Besonders in Zeiten des Klimawandels könnten sie in Deutschland häufiger auftreten und zu veränderten Niederschlagsmustern beitragen.

Der Jetstream – Schnellstraße in luftigen Höhen

Der Jetstream ist ein wichtiges Phänomen, das unser Wetter auf der Erde stark beeinflusst. Dabei handelt es sich um ein schmales Band sehr schneller Winde, die in großer Höhe um den Globus wehen, meist in etwa 10 Kilometer Höhe, also weit über der Erdoberfläche. Der Jetstream bewegt sich mit Geschwindigkeiten von bis zu 400 km/h und spielt eine entscheidende Rolle bei der

Verteilung von Hoch- und Tiefdruckgebieten. Sowohl auf der Nord- als auch auf der Südhalbkugel gibt es Jetstreams, wobei der sogenannte Polarjetstream, der sich nahe der Polargebiete befindet, besonders bedeutend für das Wettergeschehen in Europa ist.

Auf der Nordhalbkugel verläuft der Polarjetstream zwischen dem 40. und 60. Breitengrad, also über Nordamerika, Europa und Asien. Auf der Südhalbkugel gibt es ebenfalls einen Polarjetstream, der die Wetterbedingungen in den südlicheren Breiten beeinflusst. Der Jetstream entsteht durch Temperaturunterschiede zwischen der kalten Luft der Polarregionen und der wärmeren Luft aus den tropischen Breiten. Diese Temperaturdifferenzen führen dazu, dass sich Luftmassen unterschiedlich schnell bewegen und starke Windbänder entstehen. Der Jetstream windet sich dabei wie eine Schlange um die Erde und bildet sogenannte Wellen.

In Europa, und damit auch in Deutschland, hat der Polarjetstream einen großen Einfluss auf das Wetter. Normalerweise steuert er die Westwinde, die für unser typisches, wechselhaftes Wetter verantwortlich sind. Er bringt feuchte Luftmassen vom Atlantik nach Europa und sorgt so für Regen und milde Temperaturen. Wenn der Jetstream jedoch ins Stocken gerät oder sich weiter nach Norden oder Süden verlagert, kann das zu extremen Wetterbedingungen führen. Ein nördlicher Jetstream lässt die warmen Luftmassen weiter nach Norden vordringen und führt zu längeren Hitzeperioden und Trockenheit.

Ein südlicher Jetstream kann dagegen kalte Luft aus dem Norden nach Europa bringen, was zu Kälteeinbrüchen oder frostigen Winterbedingungen führt.

In den vergangenen Jahren hat sich der Jetstream tatsächlich verändert, was mit dem Klimawandel in Verbindung gebracht wird. Da sich die Polarregionen durch die Erderwärmung schneller aufheizen als die tropischen Regionen, wird der Temperaturunterschied zwischen diesen Gebieten kleiner. Dieser Temperaturunterschied ist jedoch entscheidend für die Stärke und Stabilität des Jetstreams. Durch die geringere Temperaturdifferenz wird der Jetstream langsamer und instabiler. Dies führt dazu, dass sich die Wellenmuster des Jetstreams stärker ausprägen, was wiederum extreme Wetterlagen begünstigen kann.

Ein langsamer Jetstream kann dafür sorgen, dass Wetterlagen länger an einem Ort verweilen. Dies erklärt, warum es in den letzten Jahren vermehrt zu langen Hitzewellen, aber auch zu Dürren oder extremen Regenfällen kam. Wenn der Jetstream »festsitzt«, bleiben Hoch- oder Tiefdruckgebiete länger über einer Region bestehen. In Europa kann dies zum Beispiel bedeuten, dass eine Hitzewelle tagelang andauert oder ein Regengebiet für Überschwemmungen sorgt, weil es sich nur sehr langsam bewegt.

In Deutschland hat man solche Phänomene besonders in den Sommermonaten bemerkt. Lange Hitzeperioden, wie sie in den letzten Jahren immer häufiger auftreten, sind ein typisches Zeichen für einen stagnierenden Jetstream. Er blockiert kühlere Luftmassen vom Atlantik und lässt warme Luftmassen ungehindert nach Norden vordringen. Gleichzeitig können sich durch den schwächelnden Jetstream auch Starkregenereignisse wie Überschwemmungen häufen, da Tiefdruckgebiete mit ihren Regenwolken ebenfalls länger über einer Region verharren.

Obwohl der Jetstream nicht allein für den Klimawandel verantwortlich ist, spielt er eine Schlüsselrolle dabei, wie sich die Folgen der globalen Erwärmung auf das tägliche Wetter auswirken. Klimaforscher beobachten den Jetstream daher genau, um besser zu verstehen, wie sich Wetterextreme in Zukunft entwickeln könnten. Studien zeigen, dass die Veränderungen des Jetstreams eng mit der allgemeinen Erwärmung des Planeten zusammenhängen. Je mehr sich die Arktis erwärmt, desto weiter könnten sich diese Phänomene verstärken. Dies würde bedeuten, dass Europa in Zukunft noch häufiger mit extremen Wettersituationen wie Dürren, Hitzewellen oder starken Regenfällen konfrontiert wird.

Zusammenfassend lässt sich sagen, dass der Jetstream ein entscheidender Faktor für unser Wetter ist. Er beeinflusst, ob es warm, kalt, trocken oder regnerisch wird, und sorgt normalerweise für das typische Wechselwetter in Europa. Durch den Klimawandel verändert sich der Jetstream jedoch zunehmend, was zu länger andauernden Wetterextremen führen kann. Die Wissenschaft ist sich einig, dass diese Veränderungen eng mit der Erwärmung der Erde und insbesondere der Arktis zusammenhängen.

Die Passatwinde – ein globales Windsystem

Passatwinde haben nichts mit Autos zu tun, sondern spielen eine zentrale Rolle im globalen Wettergeschehen. Diese Winde sorgen dafür, dass bestimmte Regionen der Erde zuverlässig und konstant mit Wind versorgt werden. Doch was genau sind Passatwinde, wie entstehen sie und welche Arten gibt es?

Passatwinde sind beständige, gleichmäßig wehende Winde, die in den Tropen, also zwischen dem Äquator und den Wendekreisen, wehen. Sie gehören zu den bekanntesten und wichtigsten Windsystemen der Erde. Es gibt zwei Arten von Passatwinden: Nordostpassat und Südostpassat. Der Nordostpassat weht auf der Nordhalbkugel von Nordost nach Südwest, während der Südostpassat auf der Südhalbkugel von Südost nach Nordwest weht. Sie sind ein fester Bestandteil der sogenannten Hadley-Zirkulation, einem wichtigen globalen Luftströmungssystem.

Doch wie entstehen Passatwinde? Um das zu verstehen, muss man sich zunächst den Luftdruckunterschied zwischen dem Äquator und den Wendekreisen anschauen. Am Äquator ist es das ganze Jahr über sehr warm. Die heiße Luft am Äquator steigt auf, weil warme Luft leichter ist als kalte. Dadurch entsteht am Boden ein Gebiet mit niedrigem Luftdruck, das man als Tiefdruckgebiet bezeichnet. Die aufsteigende Luft bewegt sich dann in Richtung der Pole, kühlt dabei ab und sinkt bei etwa 30 Grad nördlicher und südlicher Breite wieder zu Boden. Dort entsteht ein Hochdruckgebiet, weil die sinkende Luft den Druck am Boden erhöht. Zwischen diesen Hoch- und Tiefdruckgebieten strömt die Luft wieder zurück in Richtung Äquator, und genau das sind die Passatwinde.

Aber warum wehen diese Winde nicht einfach direkt von Nord nach Süd? Das liegt an der Corioliskraft, die durch die Drehung der Erde entsteht. Diese Kraft lenkt die Winde auf der Nordhalbkugel nach rechts und auf der Südhalbkugel nach links ab. Deshalb kommen die Passatwinde in der Nordhalbkugel aus nordöstlicher Richtung und in der Südhalbkugel aus südöstlicher Richtung.

Passatwinde spielen eine wichtige Rolle für das Wetter in den Tropen. Sie sorgen für eine gleichmäßige und beständige Wetterlage. In den Gebieten, in denen sie auftreten, bringen sie oft trockenes Wetter, da sie trockene Luftmassen von den Hochdruckgebieten bei den Wendekreisen in Richtung Äquator transportieren. Deshalb gibt es entlang der Wendekreise viele Wüsten, wie zum Beispiel die Sahara in Nordafrika oder die Kalahari in Südafrika.

Am Äquator jedoch, wo die Passatwinde aus beiden Hemisphären aufeinandertreffen, kommt es zur sogenannten innertropischen Konvergenzzone (ITCZ) – der Begriff war schon zu meinen Schulzeiten ein echter Renner. Dort steigt die Luft wieder auf und es entstehen häufig Wolken und Gewitter, die für das tropische Klima mit seinen heftigen Regenfällen verantwortlich sind. Die Passatwinde sind also entscheidend für das typische Wetter in den Tropen, da sie sowohl für trockene Wüstengebiete als auch für regenreiche Regionen sorgen.

Die Passatwinde sind bekannt für ihre Beständigkeit und wurden schon von frühen Seefahrern genutzt, um die Weltmeere zu überqueren. Besonders im Zeitalter

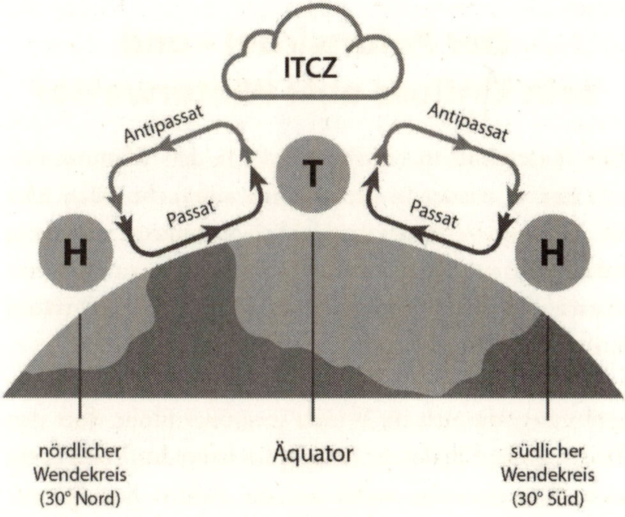

der Entdeckungen, als Schiffe noch auf Windkraft angewiesen waren, waren die Passatwinde von entscheidender Bedeutung. Sie machten es möglich, zuverlässig und schnell von Europa zu den Tropen oder Amerika zu segeln.

Auch heute spielen die Passatwinde eine wichtige Rolle. Sie beeinflussen nicht nur das Wetter in tropischen Regionen, sondern sind auch für die Entstehung von tropischen Wirbelstürmen verantwortlich. Wenn die Luftmassen in der Nähe der ITCZ stark erwärmt werden, können sie sich unter bestimmten Bedingungen zu gewaltigen Stürmen entwickeln, die dann als Hurrikane oder Taifune bekannt sind.

Der Polarwirbel – und sein Einfluss aufs Winterwetter

Der Polarwirbel ist ein Begriff, der in den Wintermonaten immer wieder in den Medien auftaucht. Man hört oft, dass sein Verhalten maßgeblich beeinflusst, wie streng oder mild ein Winter wird. Doch was genau ist dieser Polarwirbel und wie groß ist tatsächlich sein Einfluss auf unser Winterwetter?

Der Polarwirbel ist eine große, kreisförmige Luftströmung, die sich im Winter in großer Höhe über den Polarregionen bildet. Er besteht aus kalter Luft und dreht sich normalerweise stabil um die Arktis. Solange der

Polarwirbel stark und intakt ist, bleibt die kalte Luft gut »eingesperrt« in den nördlichen Breiten. Das bedeutet, dass die extrem kalten Luftmassen meistens im Polargebiet bleiben und kaum in Richtung Mitteleuropa oder Nordamerika abdriften.

Interessant wird es, wenn der Polarwirbel schwächer wird oder sich sogar »splittet«. Wenn das passiert, kann die kalte Polarluft nach Süden strömen und Regionen treffen, die normalerweise mildere Winter haben. Das führt dann zu sogenannten Kaltlufteinbrüchen, die einen besonders frostigen Winter bringen können. Ein Beispiel dafür war der Winter 2010/2011, als Teile Europas und Nordamerikas ungewöhnlich tiefe Temperaturen erlebten – und der Polarwirbel eine Rolle spielte.

Aber lässt sich daraus eine verlässliche Winterprognose erstellen? Nun, das Verhalten des Polarwirbels gibt tatsächlich Hinweise darauf, wie der Winter verlaufen wird, aber es ist bei Weitem nicht der einzige Faktor. Der Polarwirbel ist nur ein Teil eines sehr komplexen Systems, das unser Wetter bestimmt. Andere Faktoren wie Meeresströmungen (etwa der Golfstrom), das Verhalten der Jetstreams und globale Klimaphänomene wie El Niño oder La Niña spielen ebenfalls eine wichtige Rolle. Das Wetter wird von einer Vielzahl von Einflüssen bestimmt, die sich gegenseitig überlagern.

Meteorologen nutzen das Verhalten des Polarwirbels als eine von vielen Informationsquellen, um langfristige Winterprognosen zu erstellen. Wenn der Polarwirbel schwächer wird, kann das ein Zeichen für mögliche Kältewellen sein, aber es wäre zu einfach, nur den Polarwirbel zu betrachten und daraus eine endgültige Vorhersage zu treffen. Selbst wenn der Polarwirbel stabil bleibt, können andere Faktoren dafür sorgen, dass der Winter trotzdem kalt oder überraschend mild wird.

In Kürze: Der Polarwirbel spielt tatsächlich eine wichtige Rolle für das Winterwetter und sein Verhalten gibt Hinweise darauf, ob es ein strenger oder milder Winter wird. Viele andere Faktoren sind allerdings ebenso von Bedeutung. Das Wetter ist sehr komplex, und allein auf den Polarwirbel zu schauen, ist nicht ausreichend für eine seriöse Wintervorhersage.

Geoengineering – lässt sich das Wetter steuern?

Geoengineering ist ein Begriff, der sich auf gezielte Eingriffe in natürliche Prozesse der Erde bezieht, um das Klima oder das Wetter zu beeinflussen. Dabei gibt es verschiedene Ansätze, von denen einige bereits erprobt wurden, während andere noch theoretisch sind. Das Ziel des Geoengineering kann dabei unterschiedlich sein – von der Bekämpfung des Klimawandels bis hin zur Beeinflussung des lokalen Wetters. Aber wie realistisch ist es tatsächlich, das Wetter oder sogar das globale Klima zu steuern?

Ein bekanntes Beispiel für die gezielte Wetterbeeinflussung fand während der Olympischen Spiele 2008 in Peking statt. Dort setzten chinesische Behörden auf die sogenannte Wolkenimpfung, um Regen auszulösen. Dazu wurden Substanzen wie Silberjodid in Wolken geschossen, in der Hoffnung, dass sich Regentropfen bilden und die Wolken abregnen, bevor sie über die Sportstätten zogen. Das Ziel war, die Eröffnungsfeier der Spiele vor Regen zu schützen. Diese Methode wird auch in anderen Ländern eingesetzt, um Niederschläge zu steuern. Ein weiteres Beispiel sind Hagelflieger, wie sie in einigen Regionen Deutschlands genutzt werden. Diese Flugzeuge fliegen gezielt in Gewitterwolken und geben Substanzen ab, um Hagelstürme zu mindern oder zu verhindern, indem sie die Bildung von großen Hagelkörnern unterdrücken.

Die Idee, das Wetter zu beeinflussen, ist nicht neu. Seit Jahrzehnten gibt es Versuche, durch das sogenannte Cloud Seeding, also das »Impfen« von Wolken, Regen herbeizuführen oder Wetterphänomene zu mildern. In der Theorie funktioniert das, indem in Wolken kleine Partikel wie Silberjodid oder Trockeneis eingebracht werden. Diese Partikel dienen als Kondensationskerne, an denen sich Wassertropfen bilden, die dann zu Regen werden können. Allerdings ist der Erfolg solcher Maßnahmen begrenzt und stark von den atmosphärischen Bedingungen abhängig. Man kann das Wetter nicht vollständig kontrollieren, sondern nur in gewissem Rahmen beeinflussen, und das auch nur unter bestimmten Voraussetzungen.

Besonders umstritten ist der Erfolg der Hagelflieger. Zwar wird diese Methode in vielen Regionen angewandt, doch es gibt bis heute keine wissenschaftlich fundierten Beweise, dass sie tatsächlich effektiv ist. Die Frage, ob es auch ohne den Einsatz der Hagelflieger nicht gehagelt hätte, bleibt offen. Wissenschaftliche Studien, die klar nachweisen, dass die Flugzeuge den Hagel tatsächlich verhindern, fehlen bislang. Es könnte also ebenso gut Zufall sein, dass es nach dem Einsatz der Flieger nicht gehagelt hat, oder die Wetterbedingungen hätten auch ohne Eingriff kein Hagelwetter hervorgebracht.

Die Vorstellung, das Wetter gezielt als Waffe einzusetzen, klingt wie aus einem Science-Fiction-Film, wurde aber in der Vergangenheit bereits diskutiert. Während des Vietnamkriegs etwa experimentierten die USA mit Operation Popeye, einem Versuch, durch gezieltes Cloud Seeding Regen zu erzeugen und dadurch die feindlichen Truppen zu behindern. Der Gedanke, das Wetter als Waffe zu nutzen, ist jedoch ethisch hoch umstritten, und der tatsächliche Erfolg solcher Maßnahmen ist fragwürdig. Internationale Verträge wie die ENMOD-Konvention (Übereinkommen über das Verbot der militärischen oder feindseligen Nutzung umweltverändernder Techniken) verbieten inzwischen den Einsatz von Wettermanipulationstechniken für kriegerische Zwecke.

Aber was sagt die Wissenschaft zu den Möglichkeiten, das Wetter oder das Klima zu beeinflussen? In der Forschung wird vor allem über groß angelegte Geoengineering-Projekte zur Bekämpfung des Klimawandels diskutiert. Ein Konzept ist das »Solar Radiation Management«, bei dem winzige Partikel in die Atmosphäre eingebracht werden sollen, um das Sonnenlicht zu reflektieren und so die Erderwärmung zu verlangsamen. Ein anderer Ansatz ist die »Carbon Capture«-Technologie, bei der Kohlendioxid aus der Atmosphäre entfernt und gespeichert werden soll. Diese Techniken befinden sich jedoch größtenteils noch im experimentellen Stadium und die langfristigen Auswirkungen auf das Klima und die Umwelt sind ungewiss. Viele Wissenschaftler warnen vor den Risiken solcher Maßnahmen, da Eingriffe in das komplexe Klimasystem der Erde unvorhersehbare Nebenwirkungen haben könnten.

Bisherige Geoengineering-Versuche dienen hauptsächlich der Forschung und dem besseren Verständnis der Möglichkeiten und Grenzen solcher Maßnahmen. Bisher gibt es keine groß angelegten, dauerhaften Programme, die das Wetter oder das Klima in signifikantem Ausmaß verändern könnten.

Belege dafür, dass es tatsächlich möglich ist, das Wetter langfristig zu beeinflussen, sind bislang spärlich. Einzelne Maßnahmen wie das Cloud Seeding können unter bestimmten Umständen zu einer lokalen Wetterveränderung führen, doch der Erfolg ist nicht garantiert und stark von den atmosphärischen Bedingungen abhängig. Auch das globale Klima zu verändern, bleibt eine theoretische Möglichkeit, die mit großen Risiken verbunden ist. Viele Wissenschaftler plädieren daher dafür, sich stärker auf den Klimaschutz und die Reduzierung von Treibhausgasen zu konzentrieren, anstatt auf risikoreiche Eingriffe in das Klimasystem zu setzen. Die Manipulation des Wetters bleibt eine Herausforderung, die noch weit von einer sicheren und breiten Anwendung entfernt ist.

Die Sonne – Leben spendend und zerstörend

Die Sonne ist für uns auf der Erde eine unverzichtbare Energiequelle. Ohne sie wäre Leben, wie wir es kennen, unmöglich. Sie liefert uns Licht und Wärme, regelt das Wetter und beeinflusst das Klima. Alle Lebewesen – Menschen, Tiere und Pflanzen – sind auf die Sonne angewiesen. Ohne ihre Strahlen gäbe es keinen Regen, keinen Wind und keine Jahreszeiten. Pflanzen nutzen das Sonnenlicht für die Photosynthese, um zu wachsen und Sauerstoff zu produzieren, den wir wiederum zum Atmen brauchen. Kurz gesagt: Ohne Sonne gäbe es kein Wetter und kein Leben auf unserem Planeten.

Neben ihrer wichtigen Rolle für das Leben hat die Sonne viele positive Effekte. Sonnenschein hebt die Stimmung und regt die Produktion von Vitamin D im Körper an, was besonders wichtig für starke Knochen und ein gut funktionierendes Immunsystem ist. Vitamin D hilft uns, Kalzium aufzunehmen, und schützt uns vor Krankheiten wie Osteoporose. Außerdem kann Sonnenlicht, wenn es in Maßen genossen wird, helfen, den Blutdruck zu senken und sogar Herz-Kreislauf-Erkrankungen vorzubeugen. Kein Wunder also, dass sich die meisten Menschen bei Sonnenschein gleich besser fühlen – man spricht oft vom »Sonnen-Akku«, der sich auflädt.

Doch die Sonne hat nicht nur eine sonnige Seite. Wie bei vielen Dingen im Leben macht auch hier die Dosis den Unterschied. Während ein bisschen Sonne gesund und wichtig ist, kann zu viel Sonnenstrahlung gefährlich werden. Besonders die ultravioletten Strahlen (UV-Strahlen) der Sonne bergen Risiken. Diese UV-Strahlen dringen tief in die Haut ein und können dort Zellen schädigen. Zu den sofort sichtbaren Folgen gehört der Sonnenbrand – die unangenehme Rötung der Haut, die wir oft nach einem zu langen Aufenthalt in der Sonne erleben. Ein Sonnenbrand ist nicht nur schmerzhaft, sondern auch ein Zeichen dafür, dass die Haut Schaden genommen hat.

Der UV-Index ist eine Skala, die zeigt, wie stark die ultraviolette Strahlung an einem bestimmten Tag ist. Bei einem hohen UV-Index (zum Beispiel 8 oder höher) ist das Risiko für Sonnenbrand und Hautschäden besonders groß. An solchen Tagen sollte man die Sonne in den Mittagsstunden meiden und sich am besten im

Schatten aufhalten. Ein Sonnenbrand erhöht nicht nur das Risiko für langfristige Hautschäden, sondern kann auch das Risiko für Hautkrebs steigern. Besonders der sogenannte schwarze Hautkrebs, das Melanom, wird mit häufiger und intensiver Sonnenexposition in Verbindung gebracht. Wer seine Haut oft ungeschützt der Sonne aussetzt, läuft Gefahr, dass sich über die Jahre hinweg Hautschäden ansammeln, die im schlimmsten Fall zu Krebs führen.

Wie kann man sich also vor den gefährlichen Seiten der Sonne schützen? Der einfachste und effektivste Schutz ist die Verwendung von Sonnencreme. Dabei sollte man auf eine Creme mit einem ausreichend hohen Lichtschutzfaktor (LSF) achten – mindestens LSF 30 wird empfohlen, bei starker Sonneneinstrahlung sogar LSF 50. Außerdem sollte die Sonnencreme regelmäßig und großzügig aufgetragen werden, insbesondere nach dem Schwimmen oder starkem Schwitzen. Viele Menschen unterschätzen, wie viel Sonnencreme nötig ist: Im Durchschnitt verwendet man oft zu wenig, was den Schutz verringert.

Neben dem Eincremen gibt es weitere Maßnahmen, um sich vor den schädlichen UV-Strahlen zu schützen. Das Tragen von Sonnenhüten, Sonnenbrillen und schützender Kleidung kann helfen, die Haut vor direkter Strahlung zu bewahren. Besonders empfindliche Hautstellen wie Gesicht, Nacken und Schultern sollten gut geschützt werden. Wer die Mittagssonne meidet und sich eher im

Schatten aufhält, reduziert ebenfalls das Risiko, einen Sonnenbrand zu bekommen. Trotzdem sollte man darauf achten, auch im Schatten Sonnencreme zu verwenden, da die UV-Strahlung dort ebenfalls vorhanden ist.

Die Zeit, die man in der Sonne verbringen kann, ohne Schaden zu nehmen, hängt von verschiedenen Faktoren ab: Hauttyp, Tageszeit, UV-Index und wie gut man sich schützt. Menschen mit heller Haut, roten Haaren und vielen Sommersprossen sind überdurchschnittlich empfindlich und sollten die Sonne besonders vorsichtig genießen. Dunklere Hauttypen haben etwas mehr natürlichen Schutz, sollten aber trotzdem auf ausreichenden Sonnenschutz achten, um langfristige Schäden zu vermeiden.

Nicht bloß heiße Luft – wie Hitze das Wetter beeinflusst

Hitze entsteht, wenn Energie in Form von Wärme auf einen bestimmten Bereich übertragen wird. Physikalisch betrachtet, ist Wärme eine Form von Energie, die durch die Bewegung von Atomen und Molekülen erzeugt wird. Je schneller sich diese Teilchen bewegen, desto höher ist die Temperatur und damit auch die empfundene Hitze. Auf der Erde wird Wärme vor allem durch die Sonne erzeugt. Die Sonnenstrahlung trifft auf die Erdoberfläche, wo sie unter anderem vom Boden, vom Wasser und von der Luft absorbiert wird. Die gespeicherte Energie wird in Form von Wärme wieder an die Umgebung abgegeben, wodurch sich die Luft erwärmt.

Ein Teil dieser Wärme wird wieder zurück in den Weltraum abgestrahlt, doch die Atmosphäre hält einen Großteil dieser Wärme zurück. Dies wird als Treibhauseffekt bezeichnet. Treibhausgase wie Kohlendioxid, Methan und Wasserdampf sorgen dafür, dass die Wärme nicht vollständig entweicht, wodurch die Temperatur auf der Erde steigt. In den letzten Jahren ist es immer wärmer geworden, weil der Mensch durch die Verbrennung fossiler Brennstoffe, die Abholzung von Wäldern und andere Aktivitäten mehr Treibhausgase in die Atmosphäre freigesetzt hat. Dadurch verstärkt sich der Treibhauseffekt und die Erde heizt sich weiter auf.

In der Wüste wird es besonders heiß, weil dort tagsüber viel Sonnenstrahlung auf einen wasserarmen Boden trifft. Wasser hat die Eigenschaft, Wärme exzellent zu speichern und nur langsam abzugeben, aber in der Wüste mangelt es an Feuchtigkeit, die diese Funktion übernehmen könnte. Deshalb heizt sich der trockene Wüstenboden tagsüber sehr schnell auf und lässt die Temperaturen stark ansteigen. Nachts hingegen kühlt der Boden in der Wüste ebenso schnell ab, weil er die Wärme nicht gut speichern kann. Das erklärt die extremen Temperaturunterschiede zwischen Tag und Nacht in der Wüste.

Durch den Klimawandel werden Hitzeperioden und Hitzewellen häufiger und intensiver, besonders in bereits warmen Regionen. Während es in manchen Gegenden wärmer wird, bleibt die Kälte in anderen Regionen bestehen oder wird sogar stärker. Der Klimawandel führt also nicht nur zu einer Zunahme von Hitze, sondern auch zu extremeren Wetterbedingungen allgemein.

Der Treibhauseffekt und sein Einfluss aufs Klima

Der Treibhauseffekt ist ein natürlicher Prozess, der für Temperaturen sorgt, die die Erde bewohnbar machen. Ohne ihn wäre unser Planet viel zu kalt, um Leben in der heutigen Form zu ermöglichen. Doch was genau passiert dabei? Die Sonne strahlt Energie in Form von Licht und Wärme auf die Erde. Ein Teil dieser Energie wird von der Erdoberfläche absorbiert, während ein anderer Teil wieder in den Weltraum abgestrahlt wird. In der Atmosphäre der Erde gibt es jedoch Gase wie Kohlendioxid (CO_2), Methan (CH_4) und Wasserdampf, die diese Wärmestrahlung zurückhalten. Diese Gase wirken wie eine Decke: Sie lassen zwar das Sonnenlicht herein, verhindern aber, dass die Wärme vollständig entweicht. Dadurch bleibt die Erde warm genug, um Leben zu ermöglichen. Dieser Effekt ist vergleichbar mit einem Treibhaus, in dem das Glas das Sonnenlicht hineinlässt, die Wärme aber nicht nach draußen entweichen kann – daher der Name »Treibhauseffekt«.

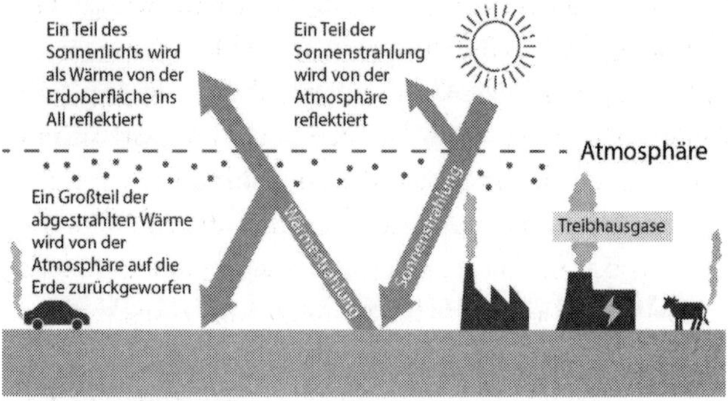

Entdeckt wurde dieser Effekt im 19. Jahrhundert. Der französische Wissenschaftler Joseph Fourier erkannte 1824 als Erster, dass die Erdatmosphäre die Fähigkeit besitzt, Wärme zu speichern. Später, in den 1850er-Jahren, bewies der britische Physiker John Tyndall, dass Gase wie Kohlendioxid, Methan und Wasserdampf diesen Effekt verstärken können. Ein entscheidender Durchbruch erfolgte 1896, als der schwedische Chemiker Svante Arrhenius berechnete, dass ein Anstieg des Kohlendioxidgehalts in der Atmosphäre zu einer Erwärmung der Erde führen würde. Damit legte er den Grundstein für das, was wir heute als menschengemachten Klimawandel verstehen.

Ja, es wird immer wärmer auf der Erde. Die letzten Jahrzehnte haben weltweit einen kontinuierlichen Temperaturanstieg gezeigt, der mit einem Anstieg der Konzentration von Treibhausgasen in der Atmosphäre zusammenfällt.

Dies ist vor allem auf menschliche Aktivitäten wie die Verbrennung fossiler Brennstoffe (Öl, Kohle, Gas) und die Abholzung von Wäldern zurückzuführen. Wissenschaftliche Daten zeigen, dass die Erde heute im Durchschnitt über 1 °C wärmer ist als vor Beginn der Industrialisierung. Das klingt erst mal nicht nach viel, doch diese Erwärmung führt zu deutlichen Veränderungen des Klimas: Hitzewellen, stärkere Stürme, veränderte Regenmuster und schmelzende Polkappen sind einige der Folgen.

Viele Menschen argumentieren, dass es in der Geschichte der Erde immer schon Warm- und Kaltzeiten gegeben hat. Tatsächlich gab es in den letzten Jahrtausenden natürliche Klimaschwankungen. So gab es während des Mittelalters eine Periode, die als »Mittelalterliche Warmzeit« bekannt ist, in der die Temperaturen in Europa und anderen Teilen der Welt leicht erhöht waren. Es folgte die »Kleine Eiszeit«, die ungefähr vom 15. bis zum 19. Jahrhundert andauerte und in Europa und Nordamerika zu kälteren Wintern führte. Diese natürlichen Schwankungen werden durch Faktoren wie die Sonnenaktivität, vulkanische Eruptionen und Veränderungen in der Erdumlaufbahn beeinflusst.

Doch der Unterschied zu heute besteht darin, dass die gegenwärtige Erwärmung viel schneller verläuft und mit einem deutlichen Anstieg von Treibhausgasen einhergeht, die durch menschliche Aktivitäten freigesetzt werden. Studien haben gezeigt, dass der Kohlendioxidgehalt in der Atmosphäre heute höher ist als jemals zuvor in den letzten 800 000 Jahren. Während die Warm- und Kaltzeiten der Vergangenheit sich über Jahrtausende hinweg entwickelten, findet die heutige Erwärmung innerhalb von wenigen Jahrzehnten statt – eine Geschwindigkeit, die beispiellos ist.

Um herauszufinden, wie warm oder kalt es vor Tausenden von Jahren war, nutzen Wissenschaftler sogenannte Klimaarchive. Dazu gehören unter anderem Eisbohrkerne aus der Antarktis oder Grönland, die Jahrtausende altes Eis enthalten. In diesen Eisschichten sind winzige Luftblasen eingeschlossen, die das Verhältnis von Treibhausgasen in der Atmosphäre zu verschiedenen Zeiten zeigen. Auch Baumringe oder Sedimente aus Seen und Meeren liefern wertvolle Informationen über das Klima der Vergangenheit. Durch die Analyse dieser natürlichen Archive können Wissenschaftler rekonstruieren, wie sich das Klima im Laufe der Zeit verändert hat und wie warm oder kalt es in bestimmten Epochen war.

Die Wissenschaft zeigt eindeutig, dass der Klimawandel heute anders ist als die natürlichen Schwankungen der Vergangenheit. Der menschliche Einfluss auf das Klima ist unbestreitbar und die zunehmenden Treibhausgase in der Atmosphäre sind ein Hauptgrund für die gegenwärtige Erwärmung. Die schnelle Zunahme dieser Gase führt dazu, dass das natürliche Gleichgewicht des Klimasystems gestört wird. Das bedeutet nicht nur höhere Temperaturen, sondern auch extreme Wetterereignisse, die an Häufigkeit und Intensität zunehmen.

Ozon – oben hui, unten pfui

In den Nachrichten fällt des Öfteren das Wort »Ozon«, sei es im Zusammenhang mit der Ozonschicht oder dem Ozonalarm in Städten. Doch was hat es damit genau auf sich, warum wird dieses Gas manchmal positiv, manchmal negativ dargestellt? Um das zu verstehen, muss man sich die unterschiedlichen Arten von Ozon anschauen, die in den verschiedenen Schichten der Atmosphäre vorkommen und ganz unterschiedliche Auswirkungen haben.

In der Stratosphäre, etwa 15 bis 50 Kilometer über der Erde, befindet sich die Ozonschicht. Diese Schicht ist überlebenswichtig für alles Leben auf der Erde, denn sie schützt uns vor den schädlichen ultravioletten Strahlen (UV-Strahlen) der Sonne. Die Ozonschicht absorbiert einen Großteil dieser UV-Strahlen und verhindert so, dass sie ungehindert zur Erde durchdringen. Ohne diesen Schutz würde die UV-Strahlung schwere Schäden verursachen, sowohl bei Menschen als auch in der Natur – von Sonnenbränden über Hautkrebs bis hin zu Schäden an Pflanzen und dem Leben im Meer. Dort oben in der Atmosphäre erledigt das Gas also einen extrem wichtigen Job.

Allerdings entdeckten in den 1980er-Jahren einige Forscher, darunter die britischen Wissenschaftler Joe Farman, Brian Gardiner und Jonathan Shanklin, dass über der Antarktis die Ozonschicht im Frühjahr stark ausgedünnt war – ein Phänomen, für das sich der Begriff »Ozonloch« etablierte. Dieses Loch entsteht besonders im antarktischen Frühling, wenn spezielle chemische Reaktionen stattfinden, die das schützende Gas abbauen. Verantwortlich dafür sind vor allem Fluorchlorkohlenwasserstoffe (FCKW), Chemikalien, die bis in die Stratosphäre aufsteigen, wo sie durch die UV-Strahlung zerfallen und Chlor freisetzen. Dieses Chlor zerstört die Ozonmoleküle und führt so zur Ausdünnung der schützenden Schicht. In der Vergangenheit wurden FCKW häufig in Spraydosen, Kühlschränken und Klimaanlagen verwendet, von wo sie in die Umwelt gelangten und die natürliche Ausdünnung der Ozonschicht drastisch verstärkten.

Die Entdeckung des Ozonlochs löste weltweit große Besorgnis aus, denn ohne den Schutz der Ozonschicht wären die Menschen und die Natur den gefährlichen UV-Strahlen viel stärker ausgesetzt. Doch zum Glück wurde schnell gehandelt. Im Jahr 1987 wurde das Montrealer Protokoll verabschiedet, ein internationales Abkommen, das die Produktion und Verwendung von FCKW schrittweise verbot. Seitdem hat sich die Ozonschicht teilweise erholt, aber das Ozonloch ist nach wie vor ein Problem. In manchen Jahren schrumpft es, in anderen dehnt es sich wieder aus, je nach klimatischen Bedingungen. Wissenschaftler schätzen, dass es noch viele Jahrzehnte dauern wird, bis die Ozonschicht vollständig regeneriert ist.

Während das Ozon oben in der Stratosphäre unser Leben schützt, sieht es am Boden ganz anders aus. Ozon in

Bodennähe ist schädlich und entsteht durch chemische Reaktionen von Abgasen aus Autos, Industrie und Kraftwerken unter der Einwirkung von Sonnenlicht. Diese Form des Ozons ist ein Hauptbestandteil des Sommersmogs, der sich in großen Städten und Ballungsräumen entwickelt. Wenn es heiß ist und wenig Wind weht, können sich die Schadstoffe in der Luft stauen und gefährliches bodennahes Ozon bilden. Diese Art von Ozon reizt die Atemwege, verursacht Husten und Atembeschwerden und kann besonders bei Menschen mit Asthma oder anderen Atemwegserkrankungen zu ernsten Gesundheitsproblemen führen. An Tagen mit besonders hoher Konzentration werden sogenannte Ozonalarme ausgegeben. Dann wird empfohlen, körperliche Anstrengungen im Freien zu vermeiden, und besonders empfindliche Menschen – Kinder, ältere Menschen oder Menschen mit Atemwegsproblemen – sollten sich möglichst gar nicht draußen aufhalten.

Früher war die Situation in vielen Großstädten besonders schlimm, da Abgase aus Autos und Fabriken unkontrolliert in die Luft geblasen wurden. Inzwischen hat sich die Lage verbessert, da strengere Abgasnormen und Filtertechnologien in Autos und Industrieanlagen eingeführt wurden. Heute sind Autos mit Katalysatoren ausgestattet und der Umstieg auf Elektrofahrzeuge trägt ebenfalls dazu bei, die Schadstoffbelastung zu senken. Trotzdem bleibt bodennahes Ozon ein Problem, besonders an heißen Sommertagen, und der Mensch hat hier eine große Verantwortung. Deshalb sind Maßnahmen zur Verringerung der Luftverschmutzung so wichtig, um bodennahes Ozon zu reduzieren.

Die Wissenschaft des Wetters

Wie wird man Meteorologe?

Ein Meteorologe ist jemand, der sich mit dem Wetter beschäftigt – und zwar nicht nur oberflächlich, wenn wir schauen, ob wir einen Regenschirm brauchen, sondern tiefgehend und wissenschaftlich. Meteorologen erforschen die Atmosphäre und alles, was damit zusammenhängt, um das Wetter vorherzusagen und Klimaveränderungen zu verstehen. Doch was macht ein Meteorologe genau? Und wie wird man das eigentlich?

Meteorologen analysieren Daten, die zum Beispiel von Satelliten, Wetterstationen oder Flugzeugen gesammelt werden. Sie verwenden diese Daten, um Wettervorhersagen zu erstellen oder klimatische Veränderungen zu untersuchen. Besonders spannend ist, dass sie nicht nur das Wetter der nächsten Tage im Blick haben, sondern auch langfristige Entwicklungen wie den Klimawandel oder Extremwetterereignisse wie Stürme, Hitzewellen oder Dürren. Doch Meteorologen arbeiten nicht nur in der Wettervorhersage, sondern auch in der Forschung, der Luftfahrt, bei Versicherungen und sogar in der Politikberatung, wenn es um Umweltschutz oder Klimapolitik geht.

Aber kann man einfach so Meteorologe werden? Tatsächlich ist »Meteorologe« keine geschützte Berufsbezeichnung. Das bedeutet, dass sich theoretisch jeder so nennen könnte, auch ohne Studium. Da das aber ein wissenschaftlich sehr anspruchsvolles Fachgebiet ist, merkt man schnell, ob jemand wirklich Ahnung von der Materie hat oder nicht. Echte Meteorologen haben in der Regel ein Studium abgeschlossen, und das spiegelt sich in ihrer Fachkenntnis wider.

Und ja, Meteorologie kann man studieren! In Deutschland bieten mehrere Universitäten dieses Fach an, zum Beispiel in Berlin, Hamburg, München und Leipzig. Dort beginnt man meist mit einem Bachelorstudium, das drei Jahre dauert. Dort lernt man die Grundlagen der Physik, Mathematik, Informatik und natürlich Meteorologie. Man erfährt, wie die Atmosphäre aufgebaut ist, wie Wolken entstehen, warum es regnet und wie man all diese Prozesse mathematisch und physikalisch beschreiben kann. Kurz gesagt: Man lernt nicht nur, das Wetter vorherzusagen, sondern, die Mechanismen dahinter zu verstehen.

Nach dem Bachelor kann man noch einen Master dranhängen, der weitere zwei Jahre dauert. Im Masterstudium spezialisiert man sich dann oft auf ein Thema, wie zum Beispiel Klimaforschung, Atmosphärenphysik oder Umweltmeteorologie. Für diejenigen, die noch tiefer in die Forschung eintauchen möchten, gibt es die Möglichkeit, zu promovieren und als Wissenschaftler an einer Universität oder einem Forschungsinstitut zu arbeiten.

Früher gab es auch noch das Diplom, das ähnlich wie der Master aufgebaut war, aber mittlerweile wurde fast überall auf Bachelor und Master umgestellt. Das Diplomstudium dauerte oft etwas länger und war ebenfalls sehr komplex.

Meteorologen mit einem abgeschlossenen Studium haben viel Wissen über die Physik der Atmosphäre und die Prozesse, die unser Wetter bestimmen. Sie kennen die mathematischen Modelle, die zur Wettervorhersage verwendet werden, und wissen, wie man große Datenmengen auswertet, die von Satelliten oder Wetterstationen kommen. Ein selbst ernannter Meteorologe, der nicht studiert hat, wird wahrscheinlich nicht über dieses tiefe Wissen um die Zusammenhänge in der Atmosphäre und die Physik dahinter verfügen. Er kann vielleicht kurzfristige Wettertrends ablesen, aber die komplizierten Vorgänge versteht er nicht in der Tiefe.

Und wo arbeiten Meteorologen später? Wahrscheinlich fallen den meisten als Erstes die Meteorologen im Fernsehen oder bei Zeitungen ein. Diese sind sozusagen das öffentliche Gesicht der Meteorologie, aber das ist nur ein kleiner Teil des Berufsbilds. Viele Meteorologen arbeiten bei Wetterdiensten wie dem Deutschen Wetterdienst (DWD), der für die offizielle Wettervorhersage in Deutschland zuständig ist. Dort erstellen sie nicht nur die täglichen Prognosen, sondern überwachen auch Wettergefahren wie Stürme oder Hochwasser.

Andere Meteorologen arbeiten in der Klimaforschung und untersuchen, wie sich das Klima in Zukunft entwickeln wird. Diese Arbeit ist besonders wichtig, um Maßnahmen gegen den Klimawandel zu ergreifen und zu planen. Einige Meteorologen sind auch in der Luftfahrt tätig, da genaue Wettervorhersagen für den Flugverkehr extrem wichtig sind. Auch bei Versicherungen werden Meteorologen gebraucht, zum Beispiel, um das Risiko für Unwetter und Naturkatastrophen besser einschätzen zu können.

In der Forschung arbeiten Meteorologen oft an Universitäten oder großen Forschungseinrichtungen. Sie entwickeln neue Modelle zur Wettervorhersage, untersuchen die Auswirkungen des Klimawandels oder arbeiten daran, extreme Wetterereignisse besser vorherzusagen. Hier kommt die ganze Bandbreite der Physik der Atmosphäre ins Spiel.

Auch in den Medien spielen Meteorologen eine wichtige Rolle. Hier geht es oft nicht nur darum, das Wetter vorherzusagen, sondern auch darum, das Wettergeschehen verständlich zu erklären. Ein Meteorologe im Fernsehen oder bei einer Zeitung muss also nicht nur ein gutes Verständnis von Meteorologie haben, sondern auch in der Lage sein, komplexe Vorgänge einfach und anschaulich zu erklären – so, dass es für uns alle Sinn ergibt, wenn wir den Wetterbericht anschauen.

Kurz gesagt: Meteorologen sind viel mehr als nur »Wetterfrösche«, die uns sagen, ob es morgen regnet. Sie sind Wissenschaftler, die sich mit den Zusammenhängen in der Atmosphäre auseinandersetzen und unsere Zukunft maßgeblich mitgestalten.

Wettermodelle - Grundstein der Wettervorhersage

Ein Wettermodell ist im Grunde genommen ein riesiges Computerprogramm, das versucht, das Wetter der nächsten Tage so genau wie möglich vorherzusagen. Doch wie funktioniert das eigentlich genau? Die Erde ist ein sehr komplexes System, das aus vielen verschiedenen Faktoren besteht: Luftdruck, Temperatur, Feuchtigkeit, Wind und vieles mehr. All diese Faktoren beeinflussen sich gegenseitig, und das macht die Wettervorhersage zu einer ziemlich kniffligen Angelegenheit. Ein Wettermodell nimmt die Daten auf, die von Satelliten, Wetterstationen, Bojen im Meer oder Flugzeugen gesammelt werden, und versucht, daraus mithilfe von mathematischen Formeln und physikalischen Gesetzen das zukünftige Wetter zu berechnen.

Und wer erstellt diese Modelle? In der Regel sind das Meteorologen und Klimawissenschaftler, die in staatlichen Wetterdiensten oder Forschungseinrichtungen arbeiten. Sie entwickeln die mathematischen Gleichungen, die all diese Prozesse in der Atmosphäre beschreiben, und programmieren sie in sogenannte Wettermodelle. Diese Modelle laufen dann auf Großrechnern, denn die Menge an Daten, die verarbeitet werden müssen, ist gigantisch. Wettermodelle werden von vielen verschiedenen Ländern betrieben, da fast jeder staatliche Wetterdienst sein eigenes Modell hat. Einige Modelle sind global, das heißt, sie berechnen das Wetter auf der ganzen Welt. Andere sind regional und spezialisieren sich auf bestimmte Länder oder Kontinente.

Bekannte Wettermodelle sind zum Beispiel das GFS (Global Forecast System), das vom amerikanischen Wetterdienst (NOAA) betrieben wird. Es ist ein globales Modell und gibt uns Informationen über das Wetter weltweit. Dann gibt es das ECMWF, das Europäische Zentrum für mittelfristige Wettervorhersagen. Dieses Modell ist für seine hohe Genauigkeit bekannt und wird von vielen Meteorologen in Europa verwendet. Ein weiteres wichtiges Modell ist das deutsche ICON-Modell, das vom Deutschen Wetterdienst (DWD) entwickelt wurde. ICON arbeitet sowohl global als auch regional und trifft detaillierte Prognosen, besonders in Europa und Deutschland.

Ein Wettermodell teilt die Erde in ein riesiges Gitternetz ein. Jeder Punkt dieses Gitternetzes stellt einen Ort auf der Erde dar, an dem das Modell Wetterdaten berechnet. Je feiner dieses Gitternetz ist, desto genauer sind die Vorhersagen, weil mehr Details berücksichtigt werden. Die Auflösung dieser Gitter hat sich in den letzten Jahren stark verbessert. Während frühere Modelle oft nur eine Auflösung von 50 Kilometern hatten, gibt es heute Modelle, die Gitterpunkte im Abstand von 1 bis 10 Kilometern berechnen können. Besonders bei extremen Wetterereignissen wie Stürmen oder Gewittern ist eine hohe Auflösung wichtig, um diese präzise vorhersagen zu können.

Da das Wetter aber so viele komplexe Faktoren beinhaltet, wird die Vorhersage umso schwieriger, je weiter sie in die Zukunft reicht. Während Wettermodelle für die nächsten zwei bis drei Tage recht genau sind, wird es ab einer Woche oder mehr immer unsicherer. Und hier kommt die Frage nach KI ins Spiel: Kann künstliche Intelligenz die Wettermodelle der Zukunft verbessern?

Es gibt tatsächlich schon einige Ansätze, bei denen KI eingesetzt wird, um Wettervorhersagen zu treffen. Während herkömmliche Wettermodelle auf festgelegten mathematischen Gleichungen basieren, funktioniert ein KI-Wettermodell anders. Es wird mit riesigen Mengen an historischen Wetterdaten gefüttert und »lernt« dann, welche Muster zu bestimmten Wetterereignissen führen. Anstatt also alles von Grund auf neu zu berechnen, wie es traditionelle Wettermodelle tun, versucht ein KI-Modell, aus den gelernten Mustern zu schließen, wie sich das Wetter wahrscheinlich verhalten wird. Das spart Zeit und Rechenkapazität und könnte in Zukunft vielleicht sogar präzisere Vorhersagen ermöglichen.

Allerdings sind KI-Modelle derzeit noch nicht in der Lage, die herkömmlichen Wettermodelle vollständig zu ersetzen. Das liegt an der Komplexität des Wetters und der Vielzahl an Einflüssen, die berücksichtigt werden müssen. Die KI kann zwar dabei helfen, Vorhersagen zu verbessern, besonders wenn es um kurzfristige Wetterentwicklungen geht, aber sie kann noch nicht die tiefgehende physikalische Modellierung ersetzen, die in den klassischen Wettermodellen stattfindet. Die Arbeit der Meteorologen bleibt also unverzichtbar. Ein spannendes Zukunftsfeld ist die Kombination aus beidem – klassische Wettermodelle, die mit KI-Unterstützung noch präzisere Vorhersagen liefern können.

Wettermodelle sind also eine Mischung aus komplexer Mathematik, riesigen Datenmengen und der Kraft moderner Computertechnologie. Sie berechnen für uns, ob wir morgen den Regenschirm einpacken müssen oder ob es nächste Woche einen Sturm gibt. Doch die Arbeit dahinter ist enorm. Riesige Supercomputer, die teilweise in speziellen Rechenzentren stehen, laufen Tag und Nacht, um immer wieder die neuesten Daten zu verarbeiten. Diese Daten werden dann regelmäßig aktualisiert und an die Wetterdienste weitergegeben, die daraus ihre Vorhersagen erstellen.

Was macht ein Wetterdienst?

Ein Wetterdienst ist eine Einrichtung, die sich mit der Beobachtung, Vorhersage und Analyse des Wetters befasst. Jedes Land hat in der Regel einen eigenen staatlichen Wetterdienst, der dafür sorgt, dass die Bevölkerung und wichtige Institutionen wie Fluggesellschaften, Straßenverwaltungen und Rettungsdienste immer über das aktuelle und kommende Wetter informiert sind. In

Deutschland gibt es den Deutschen Wetterdienst, kurz DWD. Aber was genau machen die dort eigentlich?

Der DWD ist eine Bundesbehörde, die zum Bundesministerium für Digitales und Verkehr gehört. Das bedeutet, dass er staatlich finanziert wird, also durch Steuergelder, die wir alle zahlen. Sein Hauptsitz befindet sich in Offenbach am Main, aber es gibt viele Außenstellen in ganz Deutschland. Die Mitarbeiter dort sind keine Beamten im klassischen Sinne, sondern oft Wissenschaftler, Meteorologen, Techniker oder Datenanalysten, die hoch spezialisiert auf Wetter und Klima sind.

Die Hauptaufgabe des DWD ist es, rund um die Uhr Wettervorhersagen zu erstellen und Wetterwarnungen herauszugeben, wenn Gefahr droht, zum Beispiel bei schweren Stürmen, Starkregen oder Schneefall. Dazu betreibt der DWD ein dichtes Netz von Wetterstationen, Satelliten und Radarsystemen, die ständig Wetterdaten sammeln. Diese Daten werden analysiert, um genaue Wetterprognosen zu erstellen. Aber der DWD macht noch viel mehr: Er beobachtet und erforscht auch das Klima und versucht, langfristige Veränderungen wie den Klimawandel zu verstehen und vorherzusagen. Außerdem versorgt er die Landwirtschaft, die Schifffahrt, die Luftfahrt und viele andere Sektoren mit maßgeschneiderten Wetterdaten, die für ihre Arbeit entscheidend sind.

Ein weiterer wichtiger Punkt: Der DWD ist Teil eines internationalen Netzwerks von Wetterdiensten. Da das Wetter keine Landesgrenzen kennt, arbeiten alle Wetterdienste weltweit zusammen. Hier kommt die WMO ins Spiel, die Weltorganisation für Meteorologie. Die WMO ist eine Sonderorganisation der Vereinten Nationen und hat ihren Sitz in Genf, Schweiz. Ihre Aufgabe ist es, die weltweite Zusammenarbeit in der Meteorologie zu koordinieren und den Austausch von Wetterdaten sicherzustellen. Durch die WMO können Wetterdienste ihre Informationen miteinander teilen, um präzisere Vorhersagen zu machen und besser auf Wetterphänomene reagieren zu können, die mehrere Länder betreffen, wie zum Beispiel Hurrikane oder große Unwetter.

Die staatlichen Wetterdienste wie der DWD und die WMO haben also eine klare, wichtige Aufgabe: Sie sorgen dafür, dass Menschen rechtzeitig vor gefährlichen Wetterereignissen gewarnt werden. Das kann im Ernstfall Leben retten, wenn zum Beispiel vor einem schweren Sturm gewarnt wird und Menschen rechtzeitig in Sicherheit gebracht werden. Auch in Sachen Klimaschutz spielen Wetterdienste eine große Rolle. Sie sammeln und analysieren Klimadaten und tragen so zur Forschung über den Klimawandel bei.

Mit welchen Geräten misst man das Wetter?

Wenn wir morgens auf das Wetter schauen, sei es über eine App, den Fernseher oder das Radio, denken die wenigsten darüber nach, wie diese Vorhersagen eigentlich zustande kommen. Klar, es gibt Meteorologen, die die Daten analysieren, aber woher kommen diese Daten? Wie wird das Wetter überhaupt gemessen? Dafür gibt es eine ganze Reihe von Messgeräten, die Tag und Nacht im Einsatz sind, um uns Informationen über Temperatur, Luftdruck, Wind und vieles mehr zu liefern.

Fangen wir mit einem der wichtigsten und bekanntesten Geräte an: dem Thermometer. Dieses Gerät misst die Temperatur, und das ist eine der grundlegendsten Informationen, die Meteorologen brauchen. Früher verwendete man oft Quecksilberthermometer, heute sind es digitale oder elektronische Thermometer, die präzise die Lufttemperatur erfassen. Diese kleinen Helfer sind an Wetterstationen weltweit im Einsatz und liefern uns die Werte, die wir täglich in den Wetterberichten sehen.

Ein weiteres entscheidendes Instrument ist das Barometer, das den Luftdruck misst. Der Luftdruck gibt an, wie viel Gewicht die Luft auf die Erdoberfläche ausübt. Hoher Luftdruck bedeutet meist gutes Wetter, während niedriger Druck auf schlechtes Wetter oder Regen hindeutet. Das Barometer ist also ein unverzichtbares Werkzeug für die Wettervorhersage, da sich mit fallendem oder steigendem Luftdruck oft Wetteränderungen ankündigen. Barometer gibt es in verschiedenen Ausführungen, sowohl in mechanischer als auch in digitaler Form, wobei Letztere häufiger in modernen Wetterstationen verwendet werden.

Dann gibt es das Anemometer, das Gerät, das den Wind misst. Es sieht aus wie ein kleines Windrad, das auf einem Mast befestigt ist. Das Anemometer misst sowohl die Windgeschwindigkeit als auch die Windrichtung. Diese Informationen sind nicht nur für Vorhersagen wichtig, sondern auch für die Sicherheit in der Schifffahrt oder der Luftfahrt. Der Wind spielt eine große Rolle bei der Verteilung von Wetterphänomenen, und deshalb sind genaue Messungen unverzichtbar.

Um zu wissen, wie feucht die Luft ist, benutzen Meteorologen ein Hygrometer. Es misst die Luftfeuchtigkeit, also den Anteil von Wasserdampf in der Luft. Hohe Luftfeuchtigkeit bedeutet, dass die Luft gesättigt ist und baldiger Niederschlag wahrscheinlich ist. Gerade im Sommer spüren wir das oft als schwüle Hitze, wenn die Luftfeuchtigkeit sehr hoch ist. In Wetterstationen wird die Luftfeuchtigkeit ständig überwacht, um die Wahrscheinlichkeit von Regen, Nebel oder Schnee vorherzusagen.

Eine weitere wichtige Komponente in der Wetterbeobachtung ist der Niederschlag. Um zu messen, wie viel Regen fällt, kommt ein Regenmesser oder Pluviometer zum Einsatz. Dieser einfache, aber effektive Behälter sammelt den Regen, und je nachdem, wie voll er wird, kann man ablesen, wie viele Millimeter Niederschlag gefallen sind. In moderneren Versionen wird der Regen elektronisch erfasst und die Daten direkt an Wetterstationen weitergeleitet.

Natürlich spielt auch die Sonnenstrahlung eine wichtige Rolle im Wettergeschehen. Hier kommt das Pyranometer ins Spiel, ein Gerät, das die Intensität der Sonneneinstrahlung misst. Diese Werte sind besonders nützlich, um zu berechnen, wie stark sich die Erde an einem bestimmten Ort erwärmt. Auch für den Bereich der erneuerbaren Energien, insbesondere der Solarenergie, ist diese Information entscheidend.

Für die Vorhersage von komplexen Wetterphänomenen reicht es allerdings nicht aus, nur am Boden zu messen. Deshalb kommen Wetterballons zum Einsatz. Diese mit Helium gefüllten Ballons steigen bis in die obere Atmosphäre auf und messen unterwegs Temperatur, Luftfeuchtigkeit und Luftdruck in verschiedenen Höhen. So liefern sie wichtige Informationen über die Schichtung der Atmosphäre, die für die Entwicklung von Wetterlagen entscheidend ist. Diese Daten werden regelmäßig weltweit gesammelt und sind für die Erstellung genauer Wettervorhersagen unerlässlich.

Ein weiteres beeindruckendes Werkzeug, das bei der Wetterbeobachtung eingesetzt wird, sind Satelliten. Diese Geräte kreisen um die Erde und senden Bilder und Daten zur Wetterentwicklung zurück. Mit ihnen können Meteorologen große Wettersysteme wie Hurrikane oder Kaltfronten beobachten und verfolgen. Satellitenbilder geben zudem Einblicke in Wolkenbildung und -bewegungen, was die Grundlage für viele Wetterprognosen bildet.

Nicht zu vergessen ist das Wetterradar, das besonders hilfreich bei der Vorhersage von Niederschlag ist. Es misst die Rückstrahlung von Wellen, die von Regentropfen, Schneeflocken oder Hagelkörnern zurückgeworfen werden. So können Meteorologen genau verfolgen, wo es regnet oder schneit und wie stark. Diese Echtzeitdaten helfen dabei, kurzfristige Wetterprognosen zu erstellen und rechtzeitig vor Starkregen oder Gewittern zu warnen.

Die moderne Wetterbeobachtung nutzt also eine ganze Reihe von hoch spezialisierten Geräten, um genaue Vorhersagen zu erstellen. Meteorologen analysieren die gesammelten Daten und speisen sie in die Wettermodelle ein, die wir täglich nutzen. Obwohl das Wetter manchmal unvorhersehbar scheint, verdanken wir diesen Technologien viele zuverlässige Vorhersagen, die uns im Alltag helfen.

Wie genau sind eigentlich Wettervorhersagen?

Wettervorhersagen gehören heute zu unserem Alltag. Ob wir den Schirm einpacken oder den Grillabend planen, hängt oft davon ab, was die Wetter-App sagt. Aber wie genau sind diese Vorhersagen eigentlich wirklich? Was kann die moderne Meteorologie zuverlässig vorhersagen und wo stößt sie an ihre Grenzen? In diesem Kapitel klären wir, wie sich Wettervorhersagen entwickelt haben, wie präzise sie heute sind und was in Zukunft möglich sein könnte.

Moderne Wettervorhersagen basieren auf umfangreichen Daten, die von Satelliten, Wetterstationen, Wetterballons und Flugzeugen gesammelt werden. Diese Daten werden in riesige Computer eingespeist, die mit komplexen mathematischen Modellen das Wetter simulieren. Die gute Nachricht: Für die nächsten Stunden und Tage sind Vorhersagen heute ziemlich exakt. Die schlechte Nachricht: Je weiter man in die Zukunft blickt, desto ungenauer wird die Prognose.

Eine Regenwahrscheinlichkeit von 80 Prozent in den kommenden Stunden bedeutet meist, dass es auch wirklich regnen wird. Vor allem bei stabilen Wetterlagen, wie etwa einem Hochdruckgebiet, sind die Vorhersagen verlässlich. Hochdruck sorgt oft für sonniges und ruhiges Wetter. Eine Vorhersage für die nächsten 24 Stunden ist daher in der Regel zu 90 bis 95 Prozent genau. Besonders kurzfristige Vorhersagen, wie für die nächsten ein bis drei Stunden, sind nahezu perfekt, was uns bei der Planung von Tagesaktivitäten sehr hilft.

Aber wie sieht es mit Vorhersagen aus, die ein paar Tage im Voraus gemacht werden? Auch für die nächsten 48 bis 72 Stunden ist die Vorhersagequalität immer noch ziemlich hoch. Etwa 80 bis 90 Prozent der Prognosen für diesen Zeitraum treffen zu. Allerdings spielt hier die Art der Wetterlage eine wichtige Rolle. Wenn sich ein Tiefdruckgebiet nähert, das wechselhaftes Wetter bringt, können die Vorhersagen weniger präzise werden. Tiefdruckgebiete bringen oft Wind, Regen und manchmal auch kurze sonnige Phasen mit sich, was die Wetterprognose schwieriger macht. Man kann also sagen: Je stabiler das Wetter, desto verlässlicher die Vorhersage. Hochdruckgebiete, die sich oft länger halten, ermöglichen deutlich genauere Vorhersagen als Tiefdruckgebiete, die für rasch wechselnde Wetterbedingungen sorgen.

Schwieriger wird es bei langfristigen Vorhersagen. Zwar lassen sich auch für die kommenden vier bis fünf Tage noch recht brauchbare Vorhersagen machen, aber die Genauigkeit sinkt spürbar. Nach einer Woche wird es dann richtig knifflig, denn dann sprechen Meteorologen eher von »Wettertendenzen« statt von konkreten Vorhersagen. Gerade wenn das Wetter wechselhaft ist, kann es ab einer Woche im Voraus zu großen Abweichungen kommen. Dies liegt daran, dass Wetter ein chaotisches System ist. Kleine Veränderungen in der Atmosphäre – wie ein leicht veränderter Luftdruck oder Wind – können über Tage hinweg große Auswirkungen auf das Wetter haben. Diese Unsicherheiten machen es schwierig, genaue Vorhersagen für einen längeren Zeitraum zu treffen.

Interessant ist der Vergleich mit Wettervorhersagen aus der Vergangenheit. Vor 20 oder 30 Jahren waren Vorhersagen für mehr als zwei Tage oft recht unzuverlässig. Dank technologischer Fortschritte und besserer Rechenmodelle hat sich die Genauigkeit deutlich verbessert. Vor

40 Jahren waren selbst 24-Stunden-Vorhersagen häufig ungenau. Heutzutage sind selbst dreitägige Vorhersagen weitaus präziser, als es damals der Fall war. Fortschritte in der Satellitentechnologie, die riesige Mengen an Wetterdaten in Echtzeit liefern, sowie die enorme Rechenleistung moderner Supercomputer haben dazu beigetragen, dass die Meteorologie ein Niveau erreicht hat, von dem früher nur geträumt wurde.

Trotzdem bleibt das Wetter ein kompliziertes System, das nicht vollständig kontrollierbar ist. Es gibt viele kleine Einflüsse – von Meeresströmungen über die Luftfeuchtigkeit bis hin zur Sonneneinstrahlung –, die das Wetter bedingen. Selbst wenn die Ausgangswetterlage stabil ist, können geringe Veränderungen über Tage hinweg große Unterschiede verursachen.

Generell gilt: Die Genauigkeit sinkt, je weiter die Vorhersage in die Zukunft reicht. Letztlich wird die Wettervorhersage immer eine Mischung aus Wissenschaft und Wahrscheinlichkeiten bleiben – und ein kleiner Überraschungseffekt gehört vielleicht auch einfach dazu.

Sind Langfristprognosen seriös?

Jedes Jahr, wenn sich die Jahreszeiten ändern, fragen sich viele: Wie wird der Sommer? Wie wird der Winter? Viele Menschen – und auch die Medien – wollen das so früh wie möglich wissen. Besonders spannend wird es, wenn bereits im September spekuliert wird, wie das Wetter an Weihnachten sein wird oder ob wir einen besonders kalten oder milden Winter erwarten können. Aber wie seriös sind diese Langfristprognosen? Kann man sich darauf verlassen oder ist das eher ein Blick in die Kristallkugel?

Die einfache Antwort lautet: Langfristprognosen sind schwierig und oft ungenau. Das Wetter ist ein sehr komplexes System, das von vielen Faktoren beeinflusst wird, die nicht immer vorhersehbar sind. Während kurzfristige Vorhersagen – also für die nächsten Tage – mittlerweile recht genau sind, wird es bei Vorhersagen für mehrere Wochen oder Monate problematisch. Man kann also im September nicht wissen, ob es an Weihnachten schneit oder ob wir einen besonders kalten Winter haben werden.

Wettervorhersagen funktionieren durch die Auswertung riesiger Datenmengen, die von Satelliten, Wetterstationen und anderen Quellen stammen. Diese Daten werden dann in Wettermodelle eingespeist, die versuchen, das zukünftige Wetter zu berechnen. Doch je weiter in die Zukunft diese Modelle schauen, desto größer wird die Unsicherheit. Besonders bei Wetterlagen, die von vielen kleinen Faktoren beeinflusst werden, kann schon eine winzige Veränderung in der Atmosphäre große Auswirkungen auf die Vorhersage haben. Daher werden Langfristprognosen oft in Form von Wahrscheinlichkeiten angegeben. Zum Beispiel könnte eine Vorhersage lauten: »Es besteht eine 60-prozentige Chance auf einen milden

Winter.« Das ist aber noch lange keine Garantie, dass es auch so kommt.

Ein bekanntes Modell, das für Langfristprognosen verwendet wird, ist das CFS-Modell (Climate Forecast System), das von der US-amerikanischen Wetterbehörde NOAA betrieben wird. Es versucht, das Wetter über längere Zeiträume hinweg vorherzusagen, indem es nicht nur die aktuelle Wetterlage, sondern auch langfristige Klimafaktoren wie Meeresströmungen und Luftzirkulationen berücksichtigt. Das CFS-Modell gibt oft Auskunft darüber, wie eine gesamte Jahreszeit ungefähr verlaufen könnte. Aber selbst dieses Modell hat seine Grenzen. Es kann vielleicht grobe Trends zeigen – wie etwa, ob der Winter insgesamt etwas kälter oder wärmer wird als im Durchschnitt –, aber genaue Vorhersagen, besonders für bestimmte Tage, sind nicht möglich.

Auch das Modell des ECMWF, des Europäischen Zentrums für mittelfristige Wettervorhersagen, ist ein wichtiger Akteur in der Langfristprognose. Es gilt als eines der besten Modelle für die mittelfristige Wettervorhersage, also für Zeiträume von etwa zehn Tagen bis zwei Wochen. Darüber hinaus wird es jedoch auch schwieriger. Selbst das ECMWF kann keine exakte Vorhersage für den kommenden Winter liefern, sondern höchstens Einschätzungen zur Orientierungshilfe wie das CFS.

Sollte man sich also auf Langfristprognosen verlassen? Die Antwort ist: eher nicht. Sie können einen ungefähren Trend angeben, aber für konkrete Aussagen sind sie einfach zu ungenau. Besonders Medien neigen dazu, solche Prognosen dramatisch darzustellen, um Aufmerksamkeit zu erregen. Deshalb ist es wichtig, diese Vorhersagen mit Vorsicht zu genießen.

Manche Menschen, darunter auch einige Experten, verlassen sich auf »Bauernregeln« oder ihr Bauchgefühl, um das Wetter vorherzusagen. Bauernregeln sind Sprüche, die auf jahrelangen Beobachtungen basieren, wie etwa »Ist der Oktober warm und fein, kommt ein scharfer Winter rein«. Diese Regeln haben oft eine gewisse Basis durch Erfahrungswerte, aber sie sind wissenschaftlich nicht fundiert. Zwar können sie manchmal erstaunlich zutreffen, aber das ist eher Zufall. Bauchgefühl oder althergebrachte Wetterweisheiten sind also alles andere als seriös und haben mit moderner Meteorologie wenig zu tun. Am besten ist es, sich darauf einzustellen, dass das Wetter manchmal einfach unberechenbar ist.

Was misst man mit der Beaufortskala?

Die Beaufortskala ist ein System zur Klassifizierung von Windgeschwindigkeiten, das nach dem britischen Admiral und Hydrographen Sir Francis Beaufort benannt wurde. Beaufort entwickelte die Skala im Jahr 1805, um eine standardisierte Methode zu schaffen, mit der Seeleute die Stärke des Windes beschreiben konnten. Vor der

Beaufortskala gab es keine einheitliche Art und Weise, die Windverhältnisse auf See zu bewerten. Beaufort legte fest, wie sich die unterschiedlichen Windstärken auf das Meer auswirken, indem er das Verhalten der Wellen und den Zustand der Segel eines Schiffs als Orientierungshilfe nahm. Dies war besonders nützlich für Kapitäne, um den Wind schnell und einheitlich einschätzen zu können. Heute wird die Skala nicht nur auf See, sondern auch an Land verwendet, um die Auswirkungen von Wind auf die Umgebung zu beschreiben.

Die ursprüngliche Beaufortskala beginnt bei 0 und reicht bis 12, wobei jeder Wert eine bestimmte Windstärke mit einer bestimmten Wirkung beschreibt. Mittlerweile wurde die Skala um zusätzliche Stufen erweitert, um beispielsweise die Windgeschwindigkeit von tropischen Wirbelstürmen genauer zu beschreiben. Jede Stufe der Skala entspricht einer bestimmten Windgeschwindigkeit, die in Kilometer pro Stunde (km/h) gemessen wird, sowie einer Beschreibung der sichtbaren Auswirkungen des Windes.

Stufe 0 auf der Beaufortskala bedeutet Windstille. In diesem Fall bewegt sich die Luft praktisch nicht und der Wind hat eine Geschwindigkeit von weniger als 1 km/h. Auf dem Meer ist die Wasseroberfläche glatt wie ein Spiegel. Stufe 1 beschreibt einen leichten Luftzug, mit einer Geschwindigkeit von 1 bis 5 km/h. Auf dem Wasser zeigen sich leichte Kräuselwellen. Ab Stufe 2 (6 bis 11 km/h) spricht man von einer leichten Brise, die man an bewegten Blättern und kleinen Wellen auf dem Wasser erkennen kann.

Ab Stufe 4 (20 bis 28 km/h), einer mäßigen Brise, werden kleinere Zweige und Blätter deutlich in Bewegung gesetzt, und auf dem Wasser bilden sich Schaumkronen. Bei Stufe 6 (39 bis 49 km/h), auch als starker Wind bezeichnet, beginnen größere Äste zu schwanken, und es kann schwierig werden, gegen den Wind anzulaufen. Auf See entstehen größere Wellen, und die Gischt beginnt sich in der Luft zu verteilen. Bei Stufe 8 (62 bis 74 km/h) spricht man von einem stürmischen Wind. Bäume schwanken stark, und auf dem Wasser türmen sich hohe Wellen auf. Stufe 10 (89 bis 102 km/h) bezeichnet einen schweren Sturm, bei dem Bäume beschädigt werden können und das Gehen gegen den Wind extrem erschwert ist.

Die höchste Stufe auf der ursprünglichen Skala ist Stufe 12, die einen Orkan beschreibt. Dies bedeutet Windgeschwindigkeiten von mehr als 117 km/h. Bei einem Orkan treten gewaltige Schäden auf, Bäume können entwurzelt werden, Dächer abgedeckt und Schiffe auf dem Meer in ernsthafte Gefahr geraten. Durch die Erweiterung der Skala werden extreme Wetterphänomene wie Hurrikane genauer erfasst, welche Windgeschwindigkeiten von über 200 km/h beschreiben.

Der offizielle, von der Weltorganisation für Meteorologie (WMO) anerkannte Rekord für die höchste gemessene Windgeschwindigkeit liegt bei 408 km/h. Diese Geschwindigkeit wurde am 10. April 1996 während des tropischen Wirbelsturms Olivia auf Barrow Island in Australien registriert. Während eines Tornados trat am 3. Mai 1999 in Bridge Creek, Oklahoma, USA, sogar eine Windgeschwindigkeit von etwa 500 km/h auf. Die Messung erfolgte mit einem speziellen Dopplerradar per Schätzung aus der Distanz. Es ist allerdings zu beachten, dass diese extreme Windgeschwindigkeit, da sie nur schätzungsweise innerhalb eines Tornados gemessen wurde, nicht als »regulärer« Rekord gilt.

Die Beaufortskala hat sich im Laufe der Zeit als nützliches Instrument zur Klassifizierung von Windstärken etabliert und ist bis heute ein wesentlicher Bestandteil der meteorologischen Praxis. Sie hilft nicht nur Seeleuten, sondern auch Meteorologen und der allgemeinen Bevölkerung, die Stärke von Wind besser zu verstehen und die möglichen Auswirkungen auf die Umwelt einzuschätzen. Besonders in Zeiten von extremen Wetterereignissen wie Stürmen und Hurrikanen ist eine einheitliche Skala von großer Bedeutung, um das Risiko für Menschen und Infrastruktur richtig zu kalkulieren.

Das Regenradar – im Alltag unentbehrlich

Ein Regenradar ist eine beeindruckende Technologie, die uns in vielen Wetter-Apps und auf Webseiten zeigt, wo es aktuell regnet und wie stark der Niederschlag ist. Doch wie funktioniert diese Technik, die uns dabei hilft, trockenen Fußes durch den Tag zu kommen? Hinter einem Regenradar steckt die Radartechnologie, die es ermöglicht, Niederschlag in der Atmosphäre zu erkennen und zu verfolgen.

Ein Regenradar sendet elektromagnetische Wellen in die Atmosphäre. Trifft eine solche Welle auf Regentropfen, Schneeflocken oder Hagelkörner, wird sie zurück zum Radar reflektiert. Das Radar misst die Stärke des reflektierten Signals und die Zeit, die das Signal benötigt, um zurückzukommen. Aus diesen Informationen lassen sich die Intensität des Regens und der Ort des Niederschlags bestimmen. Starke Reflexionen deuten auf kräftigen Regen oder sogar Hagel hin, während schwächere Signale auf leichten Regen hinweisen.

Ein besonders wichtiges Element des Regenradars ist das Dopplerradar. Diese Technik nutzt den sogenannten Dopplereffekt, der auftritt, wenn sich Regentropfen oder Hagelkörner in Bewegung befinden. Dabei verändert sich die Frequenz der zurückgeworfenen Wellen, je nachdem, ob sich die Niederschlagsteilchen auf das Radar zu- oder von ihm wegbewegen. Das Dopplerradar kann diese Frequenzänderungen messen und daraus nicht nur den Ort und die Intensität des Regens bestimmen, sondern auch die Geschwindigkeit und Richtung, in die sich der Niederschlag bewegt. Dadurch lassen sich Vorhersagen darüber treffen, wohin der Regen zieht und wie sich das Wetter in den nächsten Stunden entwickeln wird – eine

Technik, die besonders bei Unwettern und Gewittern hilfreich ist.

Neben der Erkennung von Regen kann das Radar auch Hagel identifizieren. Hagel entsteht, wenn aufsteigende Luftströme in Gewitterwolken Wassertröpfchen so hoch in die Atmosphäre tragen, dass sie gefrieren. Die entstandenen Eisklumpen können durch den Radarimpuls besonders gut erkannt werden, da sie viel stärker reflektieren als Regentropfen. Das Radar kann sogar die Größe der Hagelkörner abschätzen, was wichtig ist, um frühzeitig vor Hagel zu warnen, der gefährlich werden kann – von zerstörten Autoscheiben bis zu Schäden in der Landwirtschaft.

In Deutschland wird das Regenradar vom Deutschen Wetterdienst (DWD) betrieben. Der DWD unterhält insgesamt 17 Radaranlagen, die über das ganze Land verteilt sind und so eine nahezu flächendeckende Überwachung der Wetterlage ermöglichen. Diese Radare senden kontinuierlich elektromagnetische Impulse in die Atmosphäre und liefern die Daten in kurzen Abständen, sodass die Wetterlage fast in Echtzeit beobachtet werden kann.

Das Nowcasting, also die kurzfristige Vorhersage von Wetterereignissen, ist eine der großen Stärken des Regenradars. Durch die kontinuierliche Erfassung und Verarbeitung der Radarimpulse können Meteorologen sehr genau sagen, wo es gerade regnet und wie sich der Niederschlag entwickelt. Nowcasting ermöglicht es, vor plötzlichen Gewittern, Starkregen oder Hagel zu warnen, manchmal nur wenige Minuten bevor es losgeht. Warnungen sind besonders wichtig in Situationen, in denen es auf schnelle Reaktionen ankommt, zum Beispiel beim Katastrophenschutz.

Die faszinierenden Ursprünge des »Wetterfroschs«

Wetterfrosch ist ein Begriff, den wohl jeder schon einmal gehört hat. Oft wird er als Spitzname für Wettermoderatoren verwendet, die uns täglich über das Wetter informieren. Doch woher kommt eigentlich diese Bezeichnung und was hat ein Frosch mit der Wettervorhersage zu tun?

Die Geschichte des Wetterfroschs geht auf eine alte Beobachtung zurück: Frösche reagieren sensibel auf Wetterveränderungen. Besonders Laubfrösche, die früher in Europa weit verbreitet waren, sollen von Veränderungen des Luftdrucks und der Luftfeuchtigkeit beeinflusst werden. Schon vor Jahrhunderten beobachteten die Menschen, dass Frösche bei schönem Wetter eher hochklettern, zum Beispiel auf Pflanzen oder Gräser. Bei schlechtem Wetter hingegen bleiben sie lieber unten im feuchten Gras oder in ihrem Versteck. Diese Verhaltensweisen führten dazu, dass man den Frosch als eine Art Wetterpropheten ansah.

Im 18. und 19. Jahrhundert wurde aufgrund dieser Beobachtung dann eine »Wetterstation« gebaut: das sogenannte Wetterfrosch-Glas. In einen hohen Glasbehälter mit einer kleinen Leiter darin setzte man einen Frosch.

Die Idee war, dass der Frosch bei schönem Wetter auf die Leiter klettern würde, während er bei Regen unten bleiben sollte. Natürlich war dies alles andere als eine präzise Methode zur Wettervorhersage, aber die Menschen hatten noch nicht so viele Möglichkeiten, das Wetter wissenschaftlich zu messen. Der Frosch in seinem Glas wurde also zu einem beliebten »Instrument«, um das Wetter einzuschätzen.

Heutzutage wissen wir natürlich, dass ein Frosch in einem Glas keine verlässliche Wettervorhersage liefern kann. Die Meteorologie hat sich weiterentwickelt und moderne Wetterprognosen basieren auf Satellitenbildern, Luftdruckmessungen und anderen wissenschaftlichen Methoden. Trotzdem hat sich der Begriff »Wetterfrosch« bis heute gehalten. Er wird gern verwendet, wenn man humorvoll von jemandem spricht, der das Wetter vorhersagt – sei es im Fernsehen oder im Alltag.

Aber warum gerade der Frosch? Frösche sind Amphibien, die in feuchten Umgebungen leben und stark vom Wetter abhängig sind. Daher reagieren sie empfindlich auf Veränderungen in ihrer Umwelt, was wahrscheinlich der Grund ist, warum sie früher als »Wetteranzeiger« herhalten mussten. Man könnte also sagen: Der Frosch wurde damals zum Symbol für die enge Verbindung zwischen Natur und Wetter. Auch wenn die Methode nicht wirklich funktioniert hat, war sie doch ein Versuch, die Natur zu verstehen und mit einfachen Mitteln Vorhersagen zu treffen.

Wetterwissen für Angeber

Gibt es Wetter auch auf anderen Planeten oder im Weltall?

Wetter, wie wir es auf der Erde kennen, ist das Ergebnis von Vorgängen in der Atmosphäre – dem Bereich, der die Erde umgibt und aus verschiedenen Gasen besteht. Auf der Erde beeinflussen Faktoren wie Temperaturunterschiede, Luftdruck und Feuchtigkeit das Wetter. Aber gibt es auch im Weltall oder auf anderen Planeten Wetter?

Die Antwort lautet: Ja, zumindest auf einigen Himmelskörpern. Während das Weltall selbst größtenteils leer ist und keine Atmosphäre hat, gibt es auf anderen Planeten in unserem Sonnensystem durchaus Wetterphänomene – jedoch sehr unterschiedliche im Vergleich zu denen, die wir auf der Erde erleben. Auf Planeten, die eine Atmosphäre besitzen, wie zum Beispiel auf dem Mars, der Venus, dem Jupiter oder Saturn, gibt es Wetterprozesse, die durch Temperaturunterschiede und atmosphärische Bewegungen angetrieben werden. Auf dem Mars, der eine dünne Atmosphäre aus Kohlendioxid besitzt, können heftige Staubstürme auftreten, die den gesamten Planeten für Wochen oder Monate einhüllen. Diese Stürme sind das Ergebnis von Temperaturunterschieden zwischen dem Boden und der Atmosphäre. Der Mars ist zwar ein kalter und trockener Planet, aber diese Staubstürme sind das Äquivalent zu Stürmen auf der Erde.

Die Venus wiederum hat eine dichte Atmosphäre, die hauptsächlich aus Kohlendioxid besteht, und ist bekannt für ihre extremen Wetterverhältnisse. Durch den starken Treibhauseffekt herrschen dort Temperaturen von über 460 °C. Dichte Wolken aus Schwefelsäure kreisen um den Planeten, und heftige Winde, die bis zu 360 km/h erreichen, sorgen für extreme Wetterbedingungen. Diese Wolken reflektieren das Sonnenlicht, weshalb die Venus von der Erde aus so hell leuchtet, doch auf ihrer Oberfläche wäre es für Menschen aufgrund der Hitze und des dichten Drucks absolut lebensfeindlich.

Jupiter, der größte Planet in unserem Sonnensystem, ist ein Gasriese, dessen »Wetter« durch gigantische Stürme gekennzeichnet ist. Der bekannteste davon ist der »Große Rote Fleck«, ein Sturm, der so groß ist, dass er die Erde mehrmals umfassen könnte. Dieser Sturm tobt seit mindestens 300 Jahren und ist eine Art enormer Wirbelsturm, der von den unterschiedlichen Gasen in Jupiters Atmosphäre angetrieben wird.

Auf Saturn gibt es ähnliche Phänomene, darunter der sogenannte Hexagon-Sturm an seinem Nordpol, der durch die ungewöhnliche Rotation der Gase des Planeten verursacht wird.

Auch auf Uranus und Neptun gibt es Wetterphänomene. Obwohl diese Planeten weit von der Sonne entfernt und sehr kalt sind, treten dort heftige Stürme und Winde auf. Neptun, der kälteste Planet in unserem Sonnensystem, hat die schnellsten Winde aller Planeten, die Geschwindigkeiten von bis zu 2000 km/h erreichen können.

Im Weltall selbst, also im leeren Raum zwischen den Planeten, gibt es zwar keine Atmosphäre und somit auch kein klassisches Wetter wie auf Planeten, aber es gibt sogenannte Weltraumwetter-Phänomene. Dieses Weltraumwetter wird von Sonnenaktivitäten bestimmt, insbesondere von Sonnenstürmen. Wenn die Sonne besonders aktiv ist, können Ströme geladener Teilchen, die sogenannten Sonnenwinde, in Richtung Erde oder andere Planeten gesendet werden. Diese Partikel können Satelliten und elektrische Systeme auf der Erde stören, aber sie sorgen auch für das faszinierende Phänomen der Polarlichter. Wetter stellt also kein rein irdisches Phänomen dar, sondern es kommt auf vielen Himmelskörpern vor, oft in extremer Form.

Wie viel wiegt eigentlich eine Wolke?

Wolken sehen leicht und fast schwerelos aus, wie am Himmel schwebende Wattebäusche. Sie wirken so luftig, dass man kaum glauben mag, dass sie tatsächlich ein ordentliches Gewicht haben. Doch Wolken bestehen aus vielen Wassertröpfchen oder Eiskristallen, die durch Kondensation entstehen, wenn feuchte Luft abkühlt. Aber wie viel wiegt so eine Wolke eigentlich und wie kommt man auf die Idee, das Gewicht von etwas zu messen, das scheinbar einfach in der Luft schwebt?

Es klingt vielleicht verrückt, aber Forscher können das Gewicht einer Wolke ziemlich genau berechnen. Dazu nutzen sie die Wasserdichte in der Wolke, also wie viel Wasser in einem bestimmten Volumen an Luft enthalten ist. Man kann sich das so vorstellen: Auch wenn die Wassertröpfchen in der Wolke winzig sind, haben sie in ihrer Gesamtheit doch eine spürbare Masse. Eine typische Schäfchenwolke – wissenschaftlich als Cumuluswolke bekannt – enthält etwa 0,5 bis 1 Gramm Wasser pro Kubikmeter Luft. Auf den ersten Blick scheint das kaum der Rede wert – 1 Gramm Wasser ist schließlich nur ein kleiner Tropfen. Aber jetzt kommt der entscheidende Punkt: Eine solche Wolke hat ein Volumen, das beeindruckend groß ist. Eine normale Cumuluswolke kann bis zu 1 Kilometer Durchmesser haben und etwa die gleiche Höhe. Das ergibt ein Gesamtvolumen von rund 1 Milliarde Kubikmeter Luft.

Rechnen wir das mal durch: Wenn eine Wolke ein Volumen von 1 Milliarde Kubikmetern hat und jeder dieser Kubikmeter zwischen 0,5 und 1 Gramm Wasser enthält, dann kommen wir auf eine Wassermenge von 500 000 bis 1 000 000 Kilogramm. Das bedeutet, dass eine durchschnittliche Schäfchenwolke zwischen 500 und 1000 Tonnen wiegt! Um das mal in Perspektive zu setzen: 1000 Tonnen entsprechen ungefähr dem Gewicht von 200 ausgewachsenen Elefanten. Ziemlich beeindruckend für etwas, das am Himmel so leicht und unscheinbar aussieht, oder?

Wie kann es also sein, dass eine Wolke mit so viel Gewicht einfach am Himmel schwebt? Das liegt daran, dass die Wassertröpfchen, aus denen die Wolke besteht, extrem klein sind – so winzig, dass sie nicht einfach herunterfallen, sondern von den aufsteigenden Luftströmungen getragen werden. Die Wolkenmasse ist also über eine riesige Fläche verteilt, und da die einzelnen Tröpfchen so leicht sind, schwebt die Wolke scheinbar schwerelos über uns. Erst wenn sich die Wassertröpfchen in der Wolke zu größeren Tropfen verbinden, die dann schwer genug sind, überwinden sie die Aufwinde – und es beginnt zu regnen.

Und es gibt Wolken, die noch viel schwerer sind. Regenwolken, die mehr Wasser enthalten und deshalb oft dunkler und dichter aussehen, können das Doppelte oder Dreifache des Gewichts einer Cumuluswolke erreichen. Eine schwere Regenwolke kann also mehrere Tausend Tonnen Wasser enthalten. Wenn sie sich dann entlädt, kommen all diese Wassermassen als Regen zurück zur Erde. Bei Gewitterwolken, die besonders groß sind und sich über mehrere Kilometer Höhe ausbreiten, kann das Gewicht noch höher ausfallen. Manche dieser Wolken enthalten Millionen von Tonnen Wasser, das dann in Form von starkem Regen, Hagel oder Schnee herunterkommt.

Auch wenn wir Wolken als leichte, schwebende Gebilde wahrnehmen, steckt hinter ihnen also eine enorme Masse an Wasser, die fein verteilt in der Luft schwebt. Erst wenn die Bedingungen stimmen und die Tröpfchen zu schwer werden, setzen sie sich als Niederschlag auf die Erde ab. Das Wetter hält dabei das System in Balance: Wolken sammeln und speichern Wasser, bis es Zeit ist, es in Form von Regen oder Schnee abzugeben.

Die Omega-Wetterlage – wenn nichts mehr geht

Eine Omega-Wetterlage sorgt oft längere Zeit für stabiles, aber auch extremes Wetter. Ihren Namen verdankt diese Wetterlage dem griechischen Buchstaben Ω, denn auf Wetterkarten sieht die Struktur der Luftströmungen genauso aus: eine große Schleife in der Mitte und zwei kleinere Schlingen an den Seiten. Doch was bedeutet das für das Wetter? Kurz gesagt: Nichts geht mehr, das Wetter bleibt hartnäckig an Ort und Stelle.

In einer Omega-Wetterlage schieben sich kräftige Hochdruckgebiete zwischen zwei Tiefdruckgebiete. Diese Hochs sind oft so stabil und fest, dass sie sich kaum vom Fleck bewegen, ähnlich wie ein Anker im Wasser. Durch die besondere Luftströmung, die in Form des Omega-Zeichens verläuft, wird die Luft großräumig blockiert und die Bewegungen von Tiefdruckgebieten werden nahezu gestoppt. Es entsteht eine Art Wetterblockade, bei der sich Hochs und Tiefs gegenseitig in ihren Positionen festhalten.

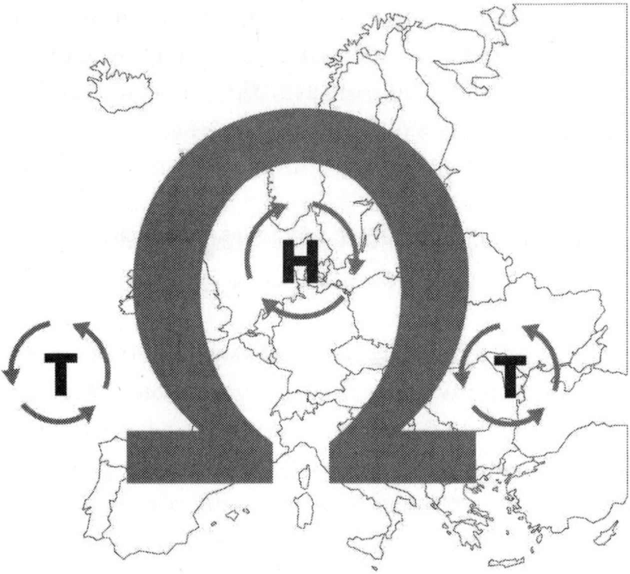

In der Praxis bedeutet das, dass das Wetter über viele Tage oder sogar Wochen gleich bleibt. Steht ein Hoch über Deutschland, kann es zu trockenen, sonnigen und warmen Wetterlagen führen. Im Sommer bedeutet das häufig Hitze und Dürre, im Winter zumeist eine Phase mit kaltem, trockenem Wetter. Befindet sich jedoch ein Tiefdruckgebiet über einer Region, kann die Omega-Lage Dauerregen und Hochwassergefahr auslösen, weil der Regen immer wieder auf dieselben Gebiete fällt.

Für Landwirte und Städte kann eine Omega-Wetterlage zur Herausforderung werden. Im Sommer führt die langanhaltende Trockenheit schnell zu Ernteausfällen und Problemen mit der Wasserversorgung. Waldbrände können sich leichter entzünden und Böden trocknen aus. Im Winter kann es dagegen zu langen Frostperioden kommen, was für die Natur und den Straßenverkehr schwierig sein kann. Steckt ein Tief im Westen oder Osten Deutschlands fest, bringt das über Tage hinweg viel Regen oder Schnee, was die Gefahr von Überschwemmungen und Verkehrsproblemen erhöht.

Diese Omega-Lagen entstehen durch besonders starke, festgefahrene Strömungen im Jetstream, einem mächtigen Luftstrom in großer Höhe, der normalerweise unser Wetter antreibt. Wenn sich der Jetstream in eine Omega-Form legt, kann das gesamte Wettersystem blockieren. Durch den Klimawandel könnte dieses Phänomen in Zukunft häufiger auftreten, weil sich die Temperaturunterschiede zwischen Polargebieten und gemäßigten Zonen verändern und die Strömungen stabilisieren.

Nebel, Hochnebel, Dunst – wie die Inversion die Wettervorhersage vermiest

Es ist ein typisches Szenario, besonders im Herbst und Winter: Der Wetterbericht verspricht einen strahlend sonnigen Tag dank eines stabilen Hochdruckgebiets und man freut sich schon auf etwas Vitamin D. Doch dann das böse Erwachen: Statt strahlendem Sonnenschein herrscht dichter Nebel, Hochnebel oder grauer Dunst und es ist deutlich kälter als erwartet. Die Sonne bleibt einfach hinter diesem undurchdringlich bedeckten Himmel verborgen und es fühlt sich eher nach Novembertristesse an als nach einem schönen Herbsttag. Aber wie kommt es, dass die Wettervorhersage so danebenliegt?

Das Geheimnis hinter diesem Phänomen ist die sogenannte Inversion. Normalerweise wird es kälter, je höher man in der Atmosphäre kommt. Die warme Luft am Boden steigt normalerweise nach oben, kühlt sich ab und trägt dabei Feuchtigkeit mit sich. Bei einer Inversion kehrt sich dieses Prinzip jedoch um: Hier liegt in Bodennähe kalte Luft und darüber befindet sich eine Schicht warmer Luft, die wie ein Deckel auf der Kaltluft liegt. Dadurch kann die kalte Luft am Boden nicht aufsteigen und sich mischen. Das hat zur Folge, dass Nebel, Hochnebel und Dunst eingeschlossen bleiben und einfach nicht verschwinden wollen.

Besonders im Herbst und Winter tritt dieses Phänomen häufig auf. Die Sonne steht zu tief, um die kalte Luft am Boden zu erwärmen und die Inversionsschicht aufzulösen. Und genau das macht die Wetterprognose so knifflig. Meteorologen wissen zwar, dass ein Hochdruckgebiet in der Regel für klaren Himmel und Sonnenschein sorgt, aber wenn eine Inversion im Spiel ist, hält sich der Nebel manchmal hartnäckig. Die Kaltluft bleibt am Boden gefangen und der Himmel den ganzen Tag grau.

Das Problem dabei ist, dass selbst die besten Wettermodelle in dieser Hinsicht an ihre Grenzen kommen. Sie können zwar große Wetterphänomene wie Tiefdruckgebiete oder Fronten zuverlässig berechnen, aber lokale Phänomene wie Nebel oder Inversionen sind oft stark von regionalen Bedingungen abhängig, wie etwa der genauen Lage der Berge oder Täler, kleinen Temperaturunterschieden oder minimalen Windverhältnissen. Solche Details lassen sich in den Modellen nur schwer präzise erfassen. Wie kalt ist die Luft am Boden genau? Wie dick ist die Inversionsschicht? Gibt es Wind, der die Luftschichten mischen könnte? All diese Faktoren müssen zusammenspielen, damit der Nebel sich auflöst. Selbst modernste Computer können nicht immer genau vorhersagen, ob das der Fall sein wird. Deshalb kann es sein, dass der Wetterbericht Sonnenschein ankündigt, während man in der Realität in dichten Nebelschwaden feststeckt.

Am häufigsten tritt dieses Phänomen in Regionen auf, die besonders anfällig für Nebel und Hochnebel sind. Dazu zählen Täler und Beckenlandschaften wie etwa das Rheintal, die Donau-Region oder das Alpenvorland. Dort kann sich die kalte Luft besonders gut festsetzen und wird durch die umliegenden Berge oder Hügel noch zusätzlich gefangen gehalten. Städte wie München, Stuttgart oder Wien erleben dieses Phänomen deshalb recht häufig. Aber auch in anderen Teilen Mitteleuropas kann es regelmäßig passieren, dass die Inversionswetterlage tagelang für graue Stimmung sorgt. Ein typisches Bild: unten im Tal Nebelsuppe, oben auf dem Berg strahlender Sonnenschein und deutlich angenehmere Temperaturen. Daher zieht es in solchen Wetterlagen viele Menschen in die Berge, wo sie die Inversion »übersteigen« und den Sonnenschein genießen können.

Nebel, Hochnebel und Dunst unterscheiden sich übrigens in ihrer Höhe und Dichte. Nebel nennt man eine dichte Ansammlung von Wassertröpfchen direkt am Boden mit einer Sichtweite unter 1 Kilometer. Hochnebel liegt meist in 200–1000 Meter Höhe und entsteht durch eine feuchte Luftschicht unter einer Inversion, wobei die Sicht am Boden frei bleibt. Dunst besteht aus fein verteilten Partikeln (Wassertröpfchen oder Aerosolen) in der Luft, ist allerdings weniger dicht als Nebel und reduziert die Sicht darum nicht so stark wie dieser. Er tritt oft bei hoher Luftfeuchtigkeit oder Luftverschmutzung auf.

Saharastaub und Blutregen – Grüße aus der Wüste

Saharastaub und das Phänomen des »Blutregens« treten auf, wenn feiner Staub aus der Sahara, der größten Wüste der Welt, nach Europa transportiert wird und sich hier in der Atmosphäre ablagert. Dieses Wetterphänomen kann sowohl im Sommer als auch im Winter auftreten und sorgt häufig für beeindruckende und manchmal beunruhigende Szenarien: Der Himmel wirkt plötzlich rötlich, die Sonne gedämpft, und es kann sogar zu einem rötlichen oder bräunlichen Niederschlag kommen, der als Blutregen bezeichnet wird.

Starke Winde, sogenannte Passatwinde, wirbeln in der Sahara große Mengen an Staub und Sand in die Atmosphäre auf. Diese Winde können vor allem in den Frühjahrs- und Sommermonaten extrem stark werden, wenn es in der Wüste zu heftigen Böen oder sogar Stürmen kommt. Da die Sahara ein riesiges, trockenes Gebiet ist, enthält der Boden dort viele feine Staubpartikel, die durch den Wind leicht gelöst und in große Höhen und über weite Strecken transportiert werden.

Damit der Saharastaub nach Europa gelangt, müssen bestimmte atmosphärische Bedingungen herrschen. Oft sorgt ein Tiefdruckgebiet über dem Atlantik oder dem Mittelmeer dafür, dass die Luftströmungen den Saharastaub nach Norden bringen. Innerhalb weniger Tage kann der Staub über das Mittelmeer Südeuropa und sogar Mitteleuropa erreichen. Wenn der Staub in Deutschland oder anderen Teilen Europas ankommt, kann er sich in der Atmosphäre ablagern, was zu den typischen rötlichen Himmelsfärbungen führt.

Bei Blutregen vermischen sich die kleinen Staubpartikel in der Atmosphäre mit Regentropfen, und wenn diese auf die Erde fallen, hinterlassen sie eine rötliche oder bräunliche Schicht auf Oberflächen wie Autos, Fenstern oder Straßen. Durch den Staub ist das Wasser gefärbt. Je nach Menge des Saharastaubs kann der Effekt sehr intensiv sein. Ein ähnliches Phänomen tritt auf Bergen und Gletschern auf, wo der Saharastaub den Schnee rötlich färbt, was als »Blutschnee« bekannt ist.

Dieses Ereignis ist nicht auf den Sommer beschränkt. Es kann auch im Winter auftreten, wenn die Luftströmungen die richtigen Bedingungen schaffen. Besonders in den Alpen kommt es gelegentlich zu Blutschnee, wenn Saharastaub auf den Schnee fällt und sich dort ablagert. Dieser Staub bleibt oft für längere Zeit auf dem Schnee sichtbar, da die helle Schneedecke den Kontrast zur rötlichen Staubschicht verstärkt. Auch der Himmel kann bei solchen Ereignissen eine rötliche oder orangefarbene Tönung annehmen, da der Staub das Sonnenlicht streut und filtert.

Physikalisch gesehen, funktioniert dieses Phänomen aufgrund der Bewegung der Luftmassen in der Atmosphäre. Große Staubpartikel würden schnell wieder zu Boden fallen, aber die feinen Staubkörner aus der Sahara sind so leicht, dass sie in der Atmosphäre schweben und über lange Strecken transportiert werden können.

Für das Auftreten von Saharastaub in Europa müssen also zwei wichtige Bedingungen erfüllt sein: Erstens muss in der Sahara genügend Wind vorhanden sein, um den Staub in die Atmosphäre zu befördern, und zweitens müssen die Luftströmungen so verlaufen, dass der Staub nach Norden transportiert wird. Ein Tiefdruckgebiet, das warme Luft aus dem Süden nach Europa zieht, ist oft der entscheidende Faktor, der den Saharastaub auf den Weg nach Deutschland bringt. Der Naturvorgang des Saharastaubs erinnert uns daran, wie stark die verschiedenen Regionen der Erde miteinander verbunden sind.

Feinstaub und Wetter

Feinstaub, auch PM_{10} genannt, ist in den letzten Jahren immer mehr in den Fokus von Gesundheits- und Umweltdiskussionen gerückt. Aber was genau ist Feinstaub und was hat das Wetter damit zu tun? Um das zu verstehen, lohnt es sich, einen genaueren Blick auf diese winzigen Partikel zu werfen und zu erfahren, wie sie unsere Luftqualität und unser Wohlbefinden beeinflussen.

Der Begriff PM_{10} steht für »Particulate Matter« (also Feinstaubpartikel) mit einem Durchmesser von weniger als 10 Mikrometern. Das ist unglaublich klein – zum Vergleich: Ein menschliches Haar ist etwa 50 bis 70 Mikrometer dick, also deutlich größer. Diese winzigen Partikel können leicht eingeatmet werden und in die Atemwege gelangen. Feinstaub stammt aus verschiedenen Quellen, wie etwa Abgasen von Fahrzeugen, industriellen Prozessen, Baustellen oder auch natürlichen Quellen wie Pollen, Vulkanasche oder Staub aus der Wüste. Besonders problematisch ist der Feinstaub aus Verkehr und Industrie, der häufig Schadstoffe enthält, die beim Verbrennen von Kraftstoffen entstehen. Ein weiteres Beispiel sind Holzöfen und Heizungen, die ebenfalls Feinstaub freisetzen.

Feinstaub kann in unterschiedlichen Größen vorliegen. Es gibt auch $PM_{2,5}$-Partikel – diese sind noch kleiner und messen weniger als 2,5 Mikrometer. Je kleiner die Partikel, desto tiefer können sie in die Lunge und sogar in den Blutkreislauf eindringen. Diese Partikel sind besonders gefährlich für die Gesundheit. Sie können Atemwegserkrankungen verschlimmern, Herz-Kreislauf-Probleme verursachen und langfristig das Risiko für chronische Krankheiten wie Lungenkrebs erhöhen.

Aber was hat das Wetter damit zu tun? Das Wetter spielt eine entscheidende Rolle dabei, wie sich Feinstaub in der Luft verhält. An windigen Tagen zum Beispiel wird der Feinstaub oft gut verteilt, sodass die Konzentration in der Luft relativ niedrig bleibt. Die Partikel werden vom Wind »weggeblasen«, wodurch die Luftqualität verbessert wird. Allerdings gibt es Wetterlagen, die das genaue Gegenteil bewirken. Besonders im Winter oder in Zeiten von Inversionswetterlagen, bei denen kalte Luft am Boden von einer wärmeren Luftschicht »eingesperrt« wird, bleibt der Feinstaub regelrecht in der Luft hängen. Diese Kaltluftschichten können wie ein Deckel wirken und verhindern, dass die Partikel aufsteigen und sich verteilen. Dadurch bleibt der Feinstaub in Bodennähe, wo wir ihn einatmen.

In solchen Situationen kann es zu besonders hohen Feinstaubkonzentrationen kommen. Das passiert oft in Städten, besonders wenn es kalt und windstill ist und viele Heizungen sowie Autos gleichzeitig im Einsatz sind. Bei glatten Straßen läuft der Verkehr langsamer, was ebenfalls zu steigenden Emissionen führt. Dann werden in vielen Städten Feinstaubalarme ausgerufen, die die Bevölkerung davor warnen, sich unnötig im Freien aufzuhalten oder anstrengende körperliche Aktivitäten zu verrichten.

Auch Regen ist in Sachen Feinstaub von Belang. An regnerischen Tagen wird der Feinstaub buchstäblich aus der Luft gewaschen. Die Partikel verbinden sich mit den Regentropfen und fallen zu Boden. Dadurch verbessert sich die Luftqualität spürbar. Nach einem kräftigen Regenschauer kann die Luft besonders frisch und sauber wirken – das ist kein Zufall, sondern das Ergebnis der Reinigung durch den Regen.

Eine besondere Feinstaubproblematik tritt oft in den Übergangszeiten zwischen Winter und Frühling auf, wenn zusätzlich zu den Verkehrs- und Heizungsabgasen Pollen in der Luft sind. Diese natürlichen Partikel können zwar nicht als schädlich im klassischen Sinne angesehen werden, verschärfen aber die Situation für Allergiker. Auch hier spielt das Wetter eine Rolle: An trockenen, warmen und windstillen Tagen, die typisch für den Frühling sind, steigen die Pollenbelastung und damit auch die Feinstaubkonzentration in der Luft. Menschen mit

Atemwegserkrankungen oder Allergien spüren das oft besonders.

Zusammengefasst: Feinstaub ist ein unsichtbarer, aber gefährlicher Teil unserer Luft. Besonders Partikel der Kategorie PM_{10} oder darunter sind winzig genug, um eingeatmet zu werden und gesundheitliche Probleme zu verursachen. Das Wetter hat einen großen Einfluss darauf, wie sich Feinstaub in der Luft verteilt. Deswegen ist es wichtig, auf Feinstaub-Warnungen zu achten und bei hoher Belastung, besonders in Städten, Vorkehrungen zu treffen, um die eigene Gesundheit zu schützen.

Böhmischer Wind - Wetter aus Tschechien

Der Böhmische Wind ist ein regionales Wetterphänomen, das in bestimmten Gebieten Deutschlands, vor allem in Südostbayern, auftritt. Es handelt sich dabei um einen Fallwind, der aus Böhmen, also dem westlichen Teil der heutigen Tschechischen Republik, nach Deutschland zieht. Der Wind entsteht, wenn kalte Luftmassen von Norden über das Erzgebirge strömen. Diese Luftmassen sinken beim Überqueren des Gebirges ab, werden dabei erwärmt und beschleunigen auf der deutschen Seite in Richtung der tiefer gelegenen Regionen, besonders des Bayerischen Waldes und des Alpenvorlandes.

Das Resultat dieses Windes ist häufig eine plötzliche Erwärmung der Luft in den betroffenen Gebieten, was das Wettergeschehen dort stark beeinflussen kann. Ein Böhmischer Wind tritt verstärkt im Herbst und Winter auf, kann aber auch zu anderen Jahreszeiten vorkommen. Besonders in den Wintermonaten sorgt er für eine rasche Temperaturerhöhung, die das Schmelzen von Schnee begünstigen kann. Gleichzeitig wird die Luft in den jeweiligen Regionen sehr trocken, was zum Beispiel für Landwirte und die Forstwirtschaft von Bedeutung ist, da die Böden dadurch schneller austrocknen können.

In der Wetterwelt wird der Böhmische Wind als dem Föhn ähnliches Phänomen beschrieben, auch wenn er in seiner Intensität und Auswirkung nicht ganz mit dem Alpenföhn vergleichbar ist. Für die Menschen in den betroffenen Gebieten kann dieser Wind dennoch spürbar sein, denn er sorgt häufig für unruhige, oft auch stürmische Verhältnisse. Menschen, die empfindlich auf Wetterumschwünge reagieren, klagen bei Böhmischem Wind häufiger über Beschwerden wie Kopfschmerzen oder Schlafprobleme.

Obwohl der Böhmische Wind in erster Linie im südöstlichen Deutschland wirkt, kann er auch weiter nach Westen ausstrahlen. Besonders in den Ebenen des Bayerischen Waldes ist er häufig zu spüren. Hier kann er auch stärkere Windböen verursachen, was vor allem in den Bergregionen zu Beeinträchtigungen führen kann. Skigebiete oder Wanderer in höheren Lagen müssen sich auf den Böhmischen Wind einstellen, da er das Wetter schnell ändern kann.

Der Böhmische Wind ist ein interessantes, aber oft unterschätztes Wetterphänomen. Er entsteht durch den Einfluss von Gebirgszügen und Luftströmungen, wirkt sich jedoch deutlich auf das Wettergeschehen in bestimmten Teilen Deutschlands aus. Durch die plötzliche Erwärmung und Trockenheit kann er kurzfristig das Klima verändern und beeinflusst sowohl die Natur als auch das Wohlbefinden der Menschen.

Industrieschnee - weiße Pracht von Menschenhand

Industrieschnee tritt in Verbindung mit menschlichen Aktivitäten auf, insbesondere in der Nähe von großen Industrieanlagen, Kraftwerken oder Fabriken. Dabei handelt es sich um Schnee, der durch von Menschen verursachte Emissionen und Wasserdampf entsteht. Die Voraussetzungen für Industrieschnee sind Temperaturen unter dem Gefrierpunkt und eine hohe Luftfeuchtigkeit, die durch industrielle Prozesse freigesetzt wird.

Der Prozess funktioniert so: Industrieanlagen, wie Kraftwerke, stoßen warme, feuchte Luft in die Atmosphäre aus. Diese feuchte Luft kann sich bei tiefen Temperaturen mit den winzigen Schwebeteilchen, den sogenannten Kondensationskeimen, verbinden, die ebenfalls aus den

Emissionen stammen. Solche Partikel, auch als Aerosole bekannt, wirken wie kleine »Samen«, an denen sich Wassertröpfchen oder Eiskristalle anlagern können. Wenn die feuchte Luft auf diese Partikel trifft, kondensiert sie, gefriert zu Eiskristallen und formt sich schließlich zu Schneeflocken. Sobald diese Schneeflocken schwer genug sind, fallen sie zu Boden – es entsteht Industrieschnee. Das Besondere dabei ist, dass dieser Schnee nur in der Nähe der Industrieanlagen auftritt und nicht großflächig verteilt ist.

Ein bekanntes Beispiel für Industrieschnee in Deutschland ist das Ruhrgebiet, wo viele große Kraftwerke und industrielle Anlagen angesiedelt sind. Gerade in den Wintermonaten kann es dort zu lokalem Schneefall kommen, der in benachbarten Gebieten nicht zu beobachten ist. Ein Beispiel aus der Vergangenheit ist das Gebiet rund um das Braunkohlekraftwerk Niederaußem in Nordrhein-Westfalen. Dort wurde beobachtet, dass es während kalter Witterung plötzlich schneite, obwohl der Wetterbericht für die Region keinen Schneefall angekündigt hatte. Ein weiteres Beispiel ist die Region um Leipzig, eine Stadt mit einer industriellen Geschichte, in der es ebenfalls zu Industrieschnee kommen kann, wenn die Bedingungen stimmen.

Interessant ist, dass Industrieschnee in manchen Fällen sogar äußerst lokal begrenzt ist. Es ist möglich, dass eine Straße oder ein Stadtteil mit Schnee bedeckt ist, während es wenige Kilometer weiter völlig schneefrei bleibt. Das liegt daran, dass die Industriebetriebe die Hauptquelle für die benötigte Feuchtigkeit und die Kondensationskeime darstellen.

Manchmal kann Industrieschnee auch zu Verkehrsproblemen führen, vor allem wenn die Intensität des Schneefalls unterschätzt wird. Dieser Schnee ist in der Regel sauber und nicht schädlicher als normaler Schnee, da die in den Eiskristallen eingeschlossenen Schadstoffe in so geringen Mengen vorkommen, dass sie keine Gesundheitsgefahr darstellen. Dennoch ist Industrieschnee ein Zeichen dafür, wie stark der Mensch das Wetter und das Klima in seiner unmittelbaren Umgebung beeinflussen kann.

»Staubteufel« – harmlose Poltergeister

Ein Staubteufel, auch Kleintrombe, Luftwirbel oder Wüstenwindhose genannt, ist ein kleiner, meist harmloser Wirbelwind, der durch thermische Aufwinde entsteht. Er zeigt sich oft als wirbelnde Säule aus Staub, Sand oder leichten Gegenständen, die vom Boden aufgewirbelt werden. Im Gegensatz zu einem Tornado ist ein Staubteufel viel kleiner und schwächer und er tritt nicht in Verbindung mit Gewittern auf. Seine Entstehung basiert auf einer Kombination aus starkem Sonnenschein, windstillen Bedingungen am Boden und der ungleichmäßigen Erwärmung des Bodens. Die Sonne heizt die Erdoberfläche auf, die wiederum die darüber liegende Luft erwärmt. Besonders warme Luftblasen, die leichter sind als ihre kühle Umgebung, steigen schnell auf. Dadurch entsteht ein Unterdruck am Boden, der die Luft aus der Umgebung nachströmen lässt. Treffen dabei horizontale Winde aufeinander, setzen sie den aufsteigenden Luftstrom in Rotation. Diese Drehbewegung wird durch die Zentrifugalkraft verstärkt, die die rotierende Luft nach außen drückt und den Unterdruck im Zentrum weiter verstärkt.

Staubteufel sind meist nur wenige Meter breit und erreichen Höhen zwischen 10 und 100 Metern. Ihre Lebensdauer beträgt oft nur Sekunden bis wenige Minuten, in seltenen Fällen bis zu 20 Minuten. Während die meisten Staubteufel ungefährlich sind und lediglich Staub,

Blätter oder leichte Gegenstände aufwirbeln, können stärkere Exemplare kleinere Schäden anrichten. Sie können etwa Zelte umwerfen oder leichte Fahrzeuge bewegen. In heißen, offenen Gebieten wie Wüsten oder weiten Feldern sind Staubteufel besonders häufig. Physikalisch betrachtet basiert dieses Phänomen auf den Gesetzen des Auftriebs, da warme Luft aufgrund ihrer geringeren Dichte aufsteigt, während der Rotationseffekt durch Luftströmungen verstärkt wird. Die Zentrifugalkraft sorgt für Stabilität des Wirbels, indem sie die rotierende Luft nach außen verteilt. Meist harmlos, demonstriert ein Staubteufel eindrucksvoll die Kraft physikalischer Gesetze in der Natur.

Halos und Glorien – überirdische Lichteffekte

Eine Halo-Erscheinung ist ein beeindruckendes optisches Ereignis, das auftritt, wenn Sonnen- oder Mondlicht auf winzige Eiskristalle in hohen Wolkenschichten trifft, vor allem in Zirruswolken. Diese Eiskristalle brechen und reflektieren das Licht, wodurch leuchtende Ringe oder Bögen um die Sonne beziehungsweise den Mond entstehen.

Die Erscheinungen sind besonders bei sehr kalten und klaren Wetterlagen sichtbar, oft in höheren Lagen oder Regionen mit sehr kalter Luft. Die häufigste Form ist der

22-Grad-Halo, benannt nach dem Winkel, in dem das Licht gebrochen wird. Bei dieser Art von Halo wird ein kompletter farbiger Ring um das Himmelsgestirn sichtbar.

Während ein Halo meist allein auftritt, können besondere Bedingungen dazu führen, dass das Licht mehrfach durch die Eiskristalle gebrochen wird, wodurch sogar ein doppelter Halo entsteht. Dann sieht man zwei Ringe oder Bögen zugleich, wobei der innere in der Regel heller ist und intensivere Farben zeigt als der äußere. In sehr seltenen Fällen kann man eine Dopplung von zwei vollständigen Ringen beobachten, den sogenannten 46-Grad-Halo. Die Voraussetzungen dafür sind ein sehr heller 22-Grad-Halo sowie eine stärkere Brechung des Lichts in einem Winkel von 46 Grad. Der größere Halo ist in der Regel farblich schwächer ausgeprägt und erscheint blasser als der typische 22-Grad-Halo.

Halo-Erscheinungen sind weltweit verbreitet und entstehen überall dort, wo es Zirruswolken und die entsprechenden Eiskristalle gibt. Besonders in kalten Regionen oder im Winter treten sie häufiger auf, da die Bedingungen für die Entstehung solcher Eiskristalle dann günstiger sind. Trotzdem gibt es sie auch in tropischen Regionen, wenn dort die entsprechenden Wolkenformationen vorhanden sind.

Ein verwandtes Phänomen ist die sogenannte Glorie, bei der ein bunter Lichtring um den Schatten des Betrachters erscheint. Die Glorie entsteht, wenn das Licht auf kleine Wassertropfen trifft und zurückgestreut wird. Besonders gut ist sie in Bergregionen oder aus einem Flugzeug heraus zu sehen, wenn man auf eine Wolkenschicht blickt. Die Farben in der Glorie werden ähnlich wie bei einem Regenbogen verursacht, allerdings durch Rückstreuung des Lichts.

Mitunter gesellt sich zur Glorie noch das sogenannte Brockengespenst. Dieses Phänomen tritt auf, wenn man auf einem Berg steht und der eigene Schatten übergroß auf eine Nebel- oder Wolkenwand projiziert wird. Durch die unfeste Dunststruktur scheint er sich zu bewegen und wirkt darum wie eine eigenständige Person. Seinen Namen hat dieses Phänomen daher, dass es zuerst im Harzgebirge am Brocken beobachtet wurde. Wird das Brockengespenst dann noch von einer Glorie umrahmt, ist der geisterhafte Spuk erschreckend perfekt.

Halos und Glorien treten also bei ähnlichen Bedingungen auf und haben vergleichbare Ursachen, sind aber nicht dasselbe. Gemein ist ihnen, dass sie beeindruckende Beispiele geben für die flüchtige Schönheit, die das Zusammenspiel von Licht und Atmosphäre hervorrufen kann.

Das Elmsfeuer – leuchtender Spuk in großen Höhen

Das Elmsfeuer, auch Blitzfeuer genannt, ist ein seltenes und faszinierendes Wetterphänomen. Es handelt sich dabei um leuchtende elektrische Entladungen, die vor allem an hohen, spitzen Objekten wie Kirchtürmen, Schiffsmasten, Antennen oder Flugzeugflügeln sichtbar werden. Das Licht erscheint meist bläulich bis violett und flackert schwach.

Elmsfeuer entstehen durch starke elektrische Spannungen in der Luft, wie sie kurz vor oder während eines Gewitters auftreten. In solchen Situationen ist das elektrische Feld in der Atmosphäre sehr stark aufgeladen, besonders um spitze, hohe Objekte herum. Wenn die Ladung weit genug anwächst, kann es passieren, dass die Elektrizität langsam in die Luft abgegeben wird – und genau das ist das Elmsfeuer. Es handelt sich um eine sogenannte Glimmentladung, ähnlich wie bei einer Leuchtstoffröhre. Für Menschen ist sie ungefährlich, solange man sich nicht direkt auf einem exponierten Punkt befindet – denn sie kann ein Vorbote von Blitzen sein.

Früher hielten Seeleute das Elmsfeuer für ein mystisches Zeichen oder ein gutes Omen, wenn es an den Mastspitzen ihrer Schiffe erschien. Benannt wurde es vermutlich nach dem Heiligen Erasmus, ihrem Schutzheiligen, den man in Südeuropa St. Elmo nennt. Heute weiß man, dass es ein rein physikalischer Effekt ist, der mit der Ladungsverteilung in der Atmosphäre zusammenhängt.

Elmsfeuer sollten nicht mit Blitzen verwechselt werden. Während ein Blitz eine plötzliche, sehr starke elektrische Entladung ist, die sich in Sekundenbruchteilen vollzieht, ist das Elmsfeuer eine schwache, stetige Entladung, die minutenlang bestehen kann. Es kündigt jedoch oft Gewitter an. In der modernen Luftfahrt zeigt es sich gelegentlich an den Tragflächen von Flugzeugen, ohne dass es eine Gefahr darstellt. Wer ein Elmsfeuer beobachten kann, hat Glück, denn leider ist das beeindruckende Naturphänomen nur selten zu sehen – und darum auch kaum jemandem bekannt.

Über den Autor

Für Dominik Jung ist das Wetter Beruf und Leidenschaft zugleich. Als Diplom-Meteorologe beliefert er regelmäßig zahlreiche Medien und Firmenkunden mit Prognosen. Darüber hinaus teilt er die aktuellen Wetternachrichten täglich auf wetter.net sowie auf seinem erfolgreichen Youtube-Kanal wetternet, dem über 230 000 Menschen folgen.

208 Seiten
9,99 € (D) | 10,30 € (A)
ISBN 978-3-7423-0283-0

Petra Cnyrim

Erklärs mir, als wäre ich 5

Komplizierte Sachverhalte einfach dargestellt

Kinder stellen tausend Fragen. Wir Erwachsenen hingegen trauen uns oft nicht mehr, genau nachzufragen. Schließlich müssten wir es ja längst wissen. Bedauerlicherweise werden viele Themen so kompliziert erklärt, dass den meisten von uns schon nach kurzer Beschäftigung damit die Lust am Wissen vergeht. Doch es geht auch anders!

Dieses Buch ist für all die wissensdurstigen Menschen geschrieben worden, die sich nicht damit abfinden wollen, etwas nicht zu verstehen. Grundlegende und außergewöhnliche Fragen werden hier auf möglichst einfache Art und Weise erklärt – sodass wirklich jeder es versteht.

- Warum fliegt ein Flugzeug?
- Wie kann Radioaktivität unser Erbgut verändern?
- Warum träumen wir?

riva

Auch als **E-Book** erhältlich

176 Seiten
15,00 € (D) | 15,50 € (A)
ISBN 978-3-7423-2076-6

Daniel Wiechmann

Der verrückteste Reiseführer Deutschlands

Verborgene Orte, kuriose Bauwerke und mysteriöse Gegenden

Dieser Reiseführer ist anders. Er zeigt uns unser eigenes Land – allerdings fernab von Uckermark, Voralpenland und Rhein. Hier geht es um die schrägsten, kuriosesten und merkwürdigsten Orte, die Deutschland zu bieten hat.

Einen Fußabdruck, den der Teufel persönlich hinterlassen hat, eine alte Spionagestation, ein geheimes Grab im Brückenpfeiler und eine Höhle, in der Einhörner hausen: Mit diesem Buch kommen Abenteurer*innen, Neugierige und Kuriositätensammler*innen gleichermaßen auf ihre Kosten.

riva